U0169036

东海盆地深层油气勘探系列丛书

低孔低渗储层测录井综合评价技术及应用

DIKONG DISHEN CHUCENG CELUJIN ZONGHE
PINGJIA JISHU JI YINGYONG

胡森清　刘建新　鲁法伟　胡文亮　付焱鑫　编著

中国地质大学出版社
ZHONGGUO DIZHI DAXUE CHUBANSHE

图书在版编目(CIP)数据

低孔低渗储层测录井综合评价技术及应用/胡森清等编著.—武汉:中国地质大学出版社,
2021.6

(东海盆地深层油气勘探系列丛书)

ISBN 978-7-5625-5054-9

Ⅰ.①低…

Ⅱ.①胡…

Ⅲ.①低渗透储集层-测井-评价-研究 ②低渗透储集层-录井-评价-研究

Ⅳ.①TE348

中国版本图书馆 CIP 数据核字(2021)第 117321 号

低孔低渗储层测录井综合评价技术及应用		胡森清 等编著
责任编辑:韩 骑	选题策划:张晓红 韩 骑	责任校对:张咏梅
出版发行:中国地质大学出版社(武汉市洪山区鲁磨路 388 号)		邮编:430074
电 话:(027)67883511	传 真:(027)67883580	E-mail:cbb@cug.edu.cn
经 销:全国新华书店		http://cugp.cug.edu.cn
开本:787 毫米×1092 毫米 1/16		字数:292 千字 印张:12
版次:2021 年 6 月第 1 版		印次:2021 年 6 月第 1 次印刷
印刷:湖北睿智印务有限公司		
ISBN 978-7-5625-5054-9		定价:168.00 元

如有印装质量问题请与印刷厂联系调换

前　言

东海盆地油气勘探及开发主要集中在西湖凹陷,近年来西湖凹陷勘探开发实践表明,盆地内普遍发育低孔低渗油气藏,西湖凹陷低渗致密气藏资源潜力巨大,约占凹陷内天然气总资源量的 80％以上,低渗气藏构成了西湖凹陷独特的资源分布特征。低孔低渗储层普遍具有孔隙结构复杂、岩性复杂、侵入作用强以及测井响应特征复杂等特点,这些特点是传统测录井技术在面对低孔低渗储层的极大挑战。

针对上述难题,近年来中海石油(中国)有限公司上海分公司组织科研人员,从低孔低渗储层钻井液侵入规律、测录井储层流体识别、测井储层参数解释、储层渗透率评价及产能预测等关键问题入手,对低孔低渗储层开展了系统的测录井攻关研究。通过多年的努力,科研团队取得了突破性进展,获得了一大批自主创新成果,形成了具有东海特色的低孔低渗储层测录井评价技术,并且进行了及时有效的推广应用,对东海海域增储上产发挥了重要作用。

本书是中海石油(中国)有限公司上海分公司近些年来对低孔低渗储层测录井评价技术攻关阶段的成果总结与提炼。全书共七章:第一章介绍了西湖凹陷低孔低渗储层发育的地质背景及其相应的测井响应;第二章介绍了钻井液侵入特征及电阻率反演方法;第三章介绍了西湖凹陷储层岩性识别方法;第四章介绍了测录井油气识别技术;第五章介绍了储层定量评价技术;第六章介绍了储层渗透率及产能预测技术;第七章以典型低孔低渗油气藏为例,介绍了如何依托各种测录井评价技术综合解决低孔低渗气藏评价问题。

本书虽然是科研成果的学术总结,但仍具有较强的可操作性,可供油田现场测井技术人员和地质类、石油类院校师生阅读参考。由于低孔低渗储层,尤其是致密储层的综合评价仍处于攻关研究阶段,相关认识还有待进一步深化完善,加之笔者水平有限,书中难以避免出现不妥之处,敬请广大读者批评指正。

笔者

2021 年 6 月

目 录

第一章 低孔低渗储层特征及测井响应

第一节 低孔低渗储层发育特征

一、低孔低渗储层分布特征

西湖凹陷位于东海盆地,构造上属于东海盆地浙东坳陷内的三级构造单元(图 1-1)。根据新生代的构造格局、沉积特点、断裂发育及油气赋存状态等特征,西湖凹陷由西向东可划为西部斜坡带、西次凹、中央反转构造带、东次凹和东部断阶带。现今的凹陷形态大致经历了古新世—始新世断陷阶段、渐新世—中新世坳陷阶段和上新世—第四纪区域沉降阶段的 3 次构造演化。从钻井所揭露的地层来看,从下到上依次发育了始新统宝石组和平湖组,渐新统花港组,中新统龙井组、玉泉组和柳浪组,上新统三潭组以及第四系东海群,其中平湖组和花港组是西湖凹陷主要的勘探层系,也是低孔低渗储层主要的发育层系。

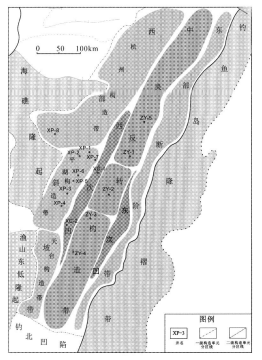

地层系统				年代/Ma	构造运动	演化阶段
系	统	组	段			
第四系	更新统	东海群QD			冲绳海槽运动	整体沉降
				—2.6		
	上新统	三潭组N₂s			龙井运动	
				—5.3		
新近系	中新统	柳浪组N₁ll		—13		坳陷-反转期
		玉泉组N₁y		—16.5	花港运动	
		龙井组N₁l		—23.3		
古近系	渐新统	花港组E₃h	上段			
			下段	—32	玉泉运动	
	始新统	平湖组E₂p	一二段			断陷三幕
			三段			
			四段		平湖运动	断陷二幕
			五段	—43		
		宝石组E₂b				断陷期
				—56.5	瓯江运动	
	古新统			—65	雁荡运动	断陷一幕
白垩系	上白垩统			—96	基隆运动	

图 1-1 西湖凹陷构造带位置示意图及地层简表

从日前钻遇井砂体剖面来看：平湖组低孔低渗储层主要在西部斜坡带钻遇，普遍埋深在3500～4800m，平湖组沉积时期盆地为断陷阶段晚期，断陷期盆地可容空间大，砂体具有纵向薄但分布广泛，横向变化快的特点，砂地比（砂岩总厚度/地层厚度）集中范围为30％～50％；花港组低孔低渗储层横向上覆盖整个西湖凹陷，埋深普遍在3200～4500m，花港组沉积时期盆地为拗陷阶段，受北部虎皮礁隆长轴物源及西部海礁隆起、东部钓鱼岛隆褶带点物源充足供给，主要发育大型辫状河-三角洲沉积体系，砂地比50％～80％，砂岩厚度几米到百米不等，横向上连续性好且分布广，低孔低渗储层规模巨大（图1-2）。

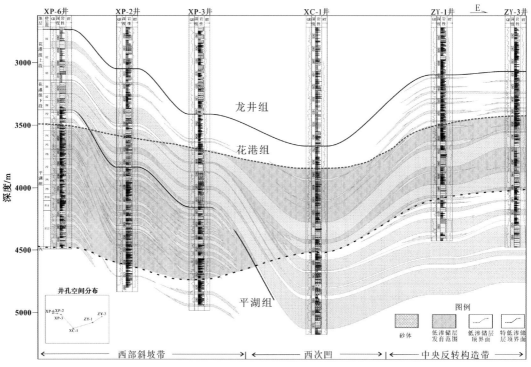

图 1-2　西湖凹陷低孔低渗储层分布特征

二、储层物性特征

参照原国土资源部发布的《海上石油天然气储量计算规范》中的有关分类标准，西湖凹陷现行的标准将渗透率小于$10 \times 10^{-3} \mu m^2$储层作为低渗储层。岩、壁心实测物性统计（图1-3）表明，西湖凹陷平湖组储层孔隙度分布范围4.3％～23.1％，其中孔隙度小于15.0％的占到65.0％；渗透率范围$(0.03～542) \times 10^{-3} \mu m^2$，其中渗透率小于$10 \times 10^{-3} \mu m^2$占到46％，渗透率小于$50 \times 10^{-3} \mu m^2$占到70.1％。花港组储层孔隙度分布范围2.7％～24.6％，其中孔隙度小于15.0％的占到94.3％；渗透率范围$(0.02～850) \times 10^{-3} \mu m^2$，其中渗透率小于$10 \times 10^{-3} \mu m^2$占到90.3％，渗透率小于$50 \times 10^{-3} \mu m^2$占到97.1％。花港组、平湖组物性跨度大，低孔低渗类储层占主导。

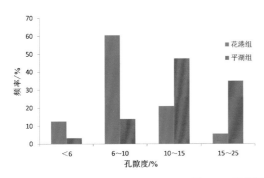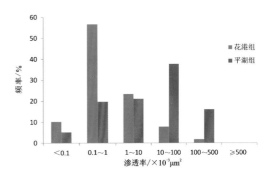

图 1-3　西湖凹陷储层物性特征

三、储层孔喉特征

通过镜下薄片、扫描电镜观察可知,西湖凹陷属孔隙型储层,孔隙构成以次生孔隙为主(占比 75% 左右),保存有一定量的原生孔(占比 25% 左右),粒间扩大溶孔占次生孔隙比重大,偶见微裂缝(图 1-4)。原生孔隙的发育受深度和粒度的控制明显,一般发育在粒度较粗、深度较浅的层段,内部洁净,观察不到明显的溶蚀痕迹,连通性较好。次生孔隙主要是源于长石和其他铝硅酸盐矿物(包括基性火山岩岩屑中的易溶组分)等骨架颗粒边缘的溶解,形态多具不规则状。

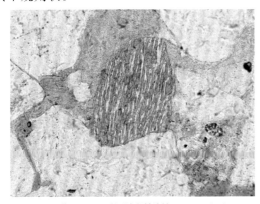

ZY-1井,3090m,长石内部被溶蚀,10×10(—)　　ZY-2井,3 790.7m,粒间扩大溶孔,连通性好,10×10(—)

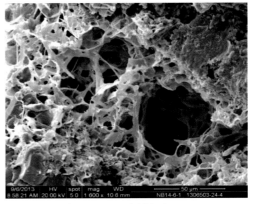

ZY-2井,3 785.2m,保存的原生粒间孔,1374×　　XP-6井,4 473.8m,残余粒间孔,1374×

图 1-4　西湖凹陷储层孔隙类型特征

低渗储层孔喉结构复杂,传统的高压压汞难以区分孔隙、喉道对储层渗流能力的影响,利用恒速压汞技术可以区分开孔隙、喉道半径,不同物性储层孔隙半径差异不大,而喉道大小直接控制了渗透率大小。西湖凹陷储层孔喉半径主要分布在微米—亚微米级别,渗流能力好的储层主要喉道半径为大于 $1\mu m$ 的微米级(图 1-5),渗透率 $9.92 \times 10^{-3}\mu m^2$ 的样品,其喉道半径峰值为 $4.5\mu m$;而渗透率小于 $0.5 \times 10^{-3}\mu m^2$ 的两个样品,其喉道半径分布都在小于 $1\mu m$ 的亚微米区间内。不同孔隙类型对渗透率贡献差异大,优质高渗带的特点在于其发育有经溶蚀改善的扩大喉道(图 1-5)。

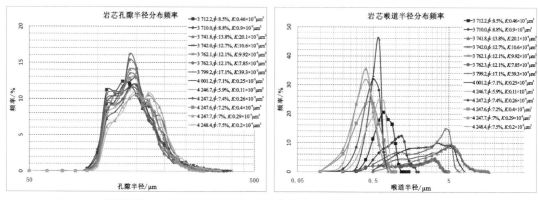

图 1-5　西湖凹陷宁波 ZY-2 气田孔隙、喉道半径分布特征(图中 ϕ 为孔隙度,K 为渗透率)

第二节　低孔低渗储层测井响应特征

低孔低渗储层最突出的测井响应特征是低对比度,即有效储层与非储层、油气层与水层、工业产层与低产层测井响应特征差异小,测井对比度低。低孔低渗储层物性差,毛管压力高,油气层原始含油气饱和度较低,使油气在岩石总体积中所占的比例低,大大降低了测井资料对储层和孔隙流体变化的分辨能力;岩性和孔隙结构的影响,以及钻井液侵入对电阻率测井的影响,可使测井反映流体类型及有效储层的能力进一步降低。

一、岩性测井响应特征

自然伽马测井能很好地划分储层和反映泥质含量,但对于低孔低渗储层,由于其中的岩屑、陆源杂基含量较高,再加上高放射性矿物的干扰,使得自然伽马曲线的分层能力和反映泥质含量的能力有所下降。

自然电位测井也是划分储层的有效手段,它同时受地层渗透性以及地层水矿化度差异的影响。西湖凹陷储层地层水矿化度较低,钻井时采用的钻井液矿化度普遍较高,在高渗储层自然电位曲线会呈现大幅正偏,随着储层渗透性降低自然电位曲线正偏幅度减小,在低渗储层采用自然电位曲线划分储层的效果不如高渗储层(图 1-6)。

二、孔隙度测井响应特征

一般情况下,孔隙变化在测井曲线上的响应是明显的,但在低孔低渗储层中,由于岩石成

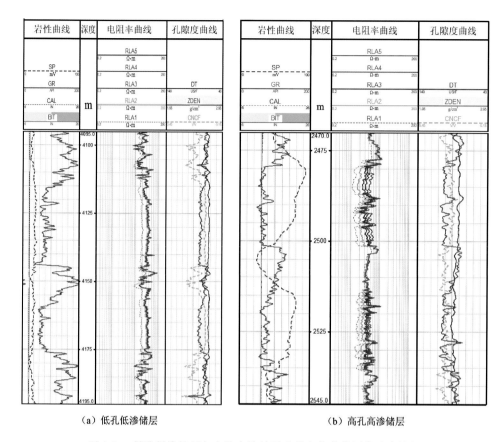

（a）低孔低渗储层 （b）高孔高渗储层

图 1-6 低孔低渗储层与高孔高渗储层自然电位曲线测井响应特征

分复杂，骨架参数确定难度大，岩石结构又受到次生改造的强烈作用，致使影响因素较为复杂，使孔隙度测井的分辨率降低。

目前常用的阵列声波测井测量数据稳定可信，与实验室岩心测量的孔隙度有较好的相关性，用于低孔低渗储层的孔隙度测量效果较好，但缺点是对有效储层的分辨率不如密度测井。密度测井对有效储层的反应比较好，孔隙度测量精度更高，但不利条件是测井质量受井眼状况的影响比较大。中子测井本身受统计起伏影响较大，再加上低孔隙度、低信噪比等因素的影响，划分储层的精度在三种孔隙度测井方法中最差。

分析低孔低渗储层物性变化与三孔隙度测井值变化的关系发现，在各种影响因素下，密度测井值与渗透率的变化为单调负相关关系，而声波时差、补偿中子与渗透率的关系为非单调变化。因此，在低孔低渗储层中，密度测井比声波测井、补偿中子测井的分辨能力高（表 1-1）。

图 1-7 是西湖凹陷某口探井的岩心孔隙度、岩心密度与测井孔隙度曲线对比图，可以看出，该井在 3445～3475m 井段内发育厚层块状低孔低渗砂岩，密度测井曲线幅度有明显起伏，与岩心分析孔隙度相关性最好，能够很好地反映砂岩段自上而下孔隙度的变化趋势，而补偿中子、声波测井曲线基本为平直段，难以表征储层的物性变化。

表 1-1　不同因素对孔隙度测井的影响特征分析

地质因素	渗透率	密度测井	声波测井	中子测井
钙质增加	↘	↗	↘	↘
泥质增加	↘	↗	↘	↗
塑性岩屑增加	↘	↗	↗	↗
粒度变细	↘	↗	↗	↗
孔隙减小	↘	↗	↘	↘

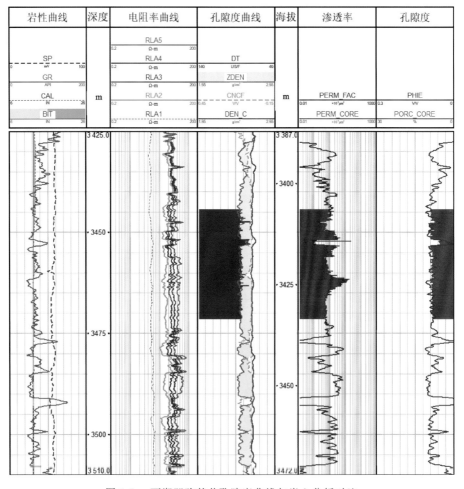

图 1-7　西湖凹陷某井孔隙度曲线与岩心分析对比

三、电阻率测井响应特征

低孔低渗储层孔隙流体体积小，加上孔隙结构、泥质、钙质、地层水性质等因素对电阻率测井的影响，测井对含油气性的反应具有不确定性。

首先是由于在低幅度构造的岩性油气藏背景下，油（气）水分异不明显，油（气）水同层和界限层比较普遍，油（气）层与水层电阻率的差异小，通常不足 1.5 倍。在低孔低渗背景下，由于储层岩性和孔隙结构变化使得束缚水含量大大增加，造成低阻油（气）层甚至比常规水层电阻率还低，即所谓的低孔低渗与低阻交叉成因的复杂油气层，进一步增加了测井解释的困难。

图 1-8 是西湖凹陷典型的低孔低渗储层与高孔高渗常规储层测井响应特征对比。图 1-8（a）为低孔低渗储层，孔隙度 12% ～ 14%，渗透率(1～3)×$10^{-3}\mu m^2$，上部被证实为气层，下部为水层，但电阻率曲线显示上部气层与下部水层电阻率差异小，对比仅在 1～1.5 之间；图 1-8(b)为高孔高渗常规砂岩储层响应特征，上部气层电阻率为 8Ω·m，下部水层电阻率为 1.2Ω·m，二者在电性上区别明显。这个例子充分表明了低孔低渗储层的低信噪比、低对比度的测井响应特征。

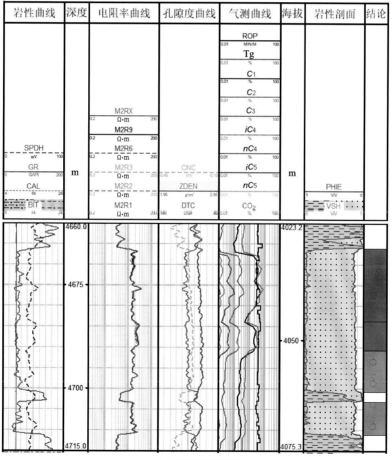

（a）低孔低渗储层

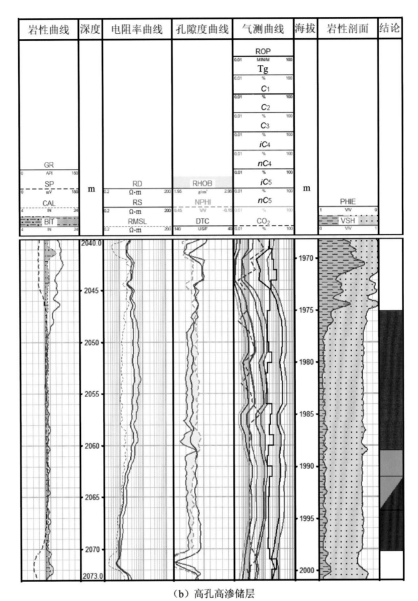

（b）高孔高渗储层

图 1-8　低孔低渗储层与高孔高渗储层测井响应特征对比

第二章 钻井液侵入特征及电阻率反演

钻井过程中井内钻井液柱和地层之间通常存在压差,在压差的作用下钻井液滤液侵入渗透性地层。井内钻井液侵入渗透性储层是一个复杂的物理过程,钻井液侵入过程中,由于受钻井液滤液的渗滤性质、侵入压差、油气水相对渗透率、滤液与地层水矿化度差异以及滤液侵入储层的时间等因素的影响,使井眼周围地层的压力、流体饱和度、矿化度和井周的电阻率发生变化,造成储集层电测井响应特征在一定程度上不能反映原状地层的真实情况,给油(气)水层的准确判断带来困难。因此,认识和掌握钻井液滤液侵入特征,对储层的精确评价有重要作用。

某气田 1 井区 H5 气层钻遇 A1 井(探井)、A2 井及 A3 井(开发井),各井相距仅 50m 左右。A1 井钻开后 38 天测量了双侧向电阻率,A2 井钻开 1 天后测量了阵列感应(1515XA)电阻率,A3 井采用了 LWD-ARC 测井。图 2-1 是三口井实测电阻率对比,图中第 3 道的 P40H_A1s、M2RX_A1p 和 RD_twt1 三条电阻率曲线对应的浸泡时间分别为 0.5h、1d 和 38d,电阻率分别为 31 $\Omega\cdot$m、24.7 $\Omega\cdot$m 和 10.3 $\Omega\cdot$m(图 2-2)。由此可见,钻井液侵入对电阻率测井响应的影响是一个不容忽视的重要问题,下面将对此问题进行详细探讨。

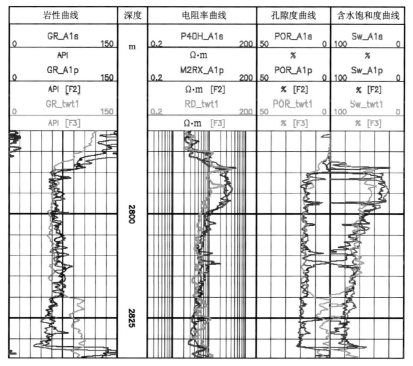

图 2-1 某气田 1 井区 H5 气层不同浸泡时间的深电阻率测井响应

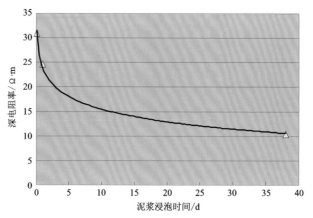

图 2-2　某气田 1 井区 H5 气层深电阻率与钻井液浸泡时间关系图

第一节　钻井液侵入特征实验研究

一、钻井液（泥浆）滤液侵入实验分析

（一）钻井液和样品特性

本次实验中使用的钻井液为井场取回的新鲜钻井液，钻井液性质的实验室测量和现场测量数据在仪器、标准等方面略有不同，故需要进行实验室钻井液性质的再次测量。本次钻井液性质测量对象分普通钻井液和增黏钻井液，普通钻井液即井场取回的、未经处理的钻井液，增黏钻井液则是添加了增黏剂的钻井液。

1. 钻井液性质

钻井液性质可分为普通钻井液和增黏钻井液，实验分析项目包括流变性、API 失水、钻井液密度、固相粒度分析等。其中流变性为 80℃ 条件下的流变性，普通和增黏钻井液均进行测量；普通和增黏钻井液均进行 API 失水实验；钻井液密度、泥饼厚度、固相粒度分析，因黏度变化对其没有影响，故仅做一次实验。标准 API 失水测量结果见表 2-1。测量钻井液的流变性，并计算获得的表观黏度 μ_a、塑性黏度 μ_p、动切力 τ_0 等数据见表 2-2。

表 2-1　API 失水测量结果

样品	瞬时滤失量/mL	30min 滤失量/mL
原始钻井液	0.7	3.05
增黏钻井液	0.2	2.15

表 2-2　计算获取的钻井液流变性结果表

钻井液	表观黏度 μ_a/mPa·s	塑性黏度 μ_p/mPa·s	动切力 τ_0/Pa	初切力 $\tau_初$/Pa	终切力 $\tau_终$/Pa
原始钻井液	26	21	5.1	0.77	0.77
增黏钻井液	45	35	10.2	1.43	1.28

经过实验测试,钻井液滤液的黏度为 3.3mPa·s,比地层水黏度大;钻井液固相颗粒大小、分布特征见图 2-3。

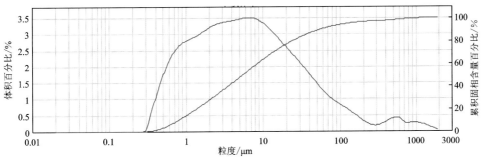

图 2-3　钻井液固相粒度分析结果

2. 样品物性特征

实验测量 3MPa 及 30MPa 围压条件下的样品孔隙度、渗透率参数见表 2-3。

表 2-3　部分样品不同围压下孔渗数据

井号	深度/m	样品编号	测试围压 3MPa		测试围压 30MPa	
			孔隙度/%	渗透率/$\times10^{-3}\mu m^2$	孔隙度/%	渗透率/$\times10^{-3}\mu m^2$
X-1	3 445.96	1	8.78	0.094 51	8.55	0.015 24
	3 447.27	3	9.29	1.082	8.53	0.486 9
		4	8.44	0.702 2	7.76	0.227 7
	3 449.85	6	8.88	1.805	8.25	0.992 5
	3 455.06	7	8.42	0.285 9	7.73	0.061 95
Y-2	3 775.8	13	12.67	6.099	11.74	4.711
		14	12.36	6.19	11.45	4.747

实验围压 3MPa、20MPa、30MPa 下的渗透率数据见表 2-4。

表 2-4　部分样品不同围压下渗透率

| 井号 | 深度/m | 样品编号 | 不同围压下渗透率/×10⁻³ μm² | | | 备注 |
			3MPa	20MPa	30MPa	
X-1	3 445.96	1	0.158	0.022	0.016 6	干燥样品
	3 447.27	3	1.13	0.575	0.516	干燥样品
		4	0.727	0.315	0.267	干燥样品
	3 449.85	5	1.12	0.599	0.522	干燥样品
		6	1.538	0.981	0.924	21%含水饱和度
	3 455.06	7	0.313	0.098 6	0.783	干燥样品
Y-2	3 775.8	13	5.81	4.78	4.61	22%含水饱和度
		14	5.91	4.97	4.8	干燥样品

（二）高温高压钻井液侵入动态模拟实验

1. 实验流程

高温高压钻井液侵入动态模拟实验是核心实验,主要完成钻井液在一定的压力下侵入储层的模拟实验,通过岩心尾端的计量管记录滤液侵入量随时间的变化,同时用改装后的岩心夹持器测量电阻值随时间的变化,分析钻井液滤液侵入的物理过程、侵入深度与时间的关系。实验完成后,取出模拟井筒内的钻井液,测量泥饼厚度,或小心取出污染后的岩心,测量泥饼厚度,而后将污染后的岩心密封装入保鲜袋内,用于扫描电镜实验。

本次高温高压动态模拟实验条件为:围压20MPa、压差4MPa、温度80℃。实验共做6块样品,其中,模拟气层4块样品,模拟水层1块样品,模拟增黏钻井液1块样品。

岩心的处理主要是建立不同的含水饱和度,模拟气层的4块岩心用自吸法建立40%～50%的含水饱和度。自吸法所能建立的最大含水饱和度可以认为是束缚水饱和度,自吸法建立的饱和度最大约为50%,与气驱水相渗曲线获得的束缚水饱和度相近,可以认为自吸法建立饱和度是可行的。

需指出的是,没有钻井液侵入的岩心,即使含有一部分束缚水,其电阻率为10 000～20 000Ω·m,显示为干燥岩心。据此来看,自吸法建立含水饱和度时,岩心中水的分布可能并不均匀,采用驱替方法建立束缚水饱和度可能更好。

实验流程如下:①将处理好的岩心放入岩心夹持器中,先加较小围压;②将搅拌好的钻井液加入模拟井筒,再加小量流体压力,打开旋转转子并加温;③加围压至实验要求,而后加流体压力实验要求,以此为实验初始时刻,记录初始条件下计量管液面读数、电阻值大小;④间隔3～5min记录不同时刻的液面读数、电阻值变化;⑤侵入实验时间为150～200min,实验完成后先降流体压力,后降围压,然后将钻井液从模拟井筒放出,小心取出岩心,测量泥饼厚度;⑥保存好样品,清洗仪器,完成实验。

表2-5为实验原始记录的样式,记录了不同电极间的电阻值、液面读数,电阻值需进行计算,再转换成电阻率。

表 2-5 编号 4 号样品钻井液侵入部分实验结果

时刻	累计时间/min	不同电极间电阻值/kΩ						出口端液面刻度/mL	累计出液量/mL
		R0—R1	R0—R2	R0—R3	R1—R2	R1—R3	R2—R3		
16:06	0	464	270	320	300	325	420	1.54	0
16:08	2	276	310	310	289	296	430	1.43	0.11
16:10	4	290	320	350	580	340	460	1.41	0.13
16:12	6	300	300	310	340	300	450	1.4	0.14
16:14	8	260	267	260	380	350	480	1.39	0.15
16:16	10	180	194	179	340	380	450	1.38	0.16
16:19	13	21.7	25.7	14.2	338	340	450	1.37	0.17
16:21	15	16.5	20.8	3.9	330	310	480	1.36	0.18

2. 实验结果分析

1)泥饼的生长阶段与泥饼渗透率

钻井液侵入为驱替过程,滤液先后经过泥饼和地层,地层一般不会有太大变化,故钻井液滤液侵入速率变化可以认为是由于泥饼的不同生长阶段引起的。因此,分析滤液侵入速率曲线,可以将泥饼的生长过程划分为4个阶段:无泥饼阶段、泥饼快速生长阶段、泥饼生长破坏平衡阶段和泥饼形成封堵层阶段。

(1)无泥饼阶段。此阶段一般出现在实验开始的 3min 以内,失水量较大,一般大于0.1mL,此过程称为瞬间失水,瞬间失水和储层渗透率有关,当储层渗透率较大时,瞬间失水基本在0.1~0.2mL,渗透率过低,瞬间失水较小。

(2)泥饼快速生长阶段。此阶段一般出现在实验时间 30、40min 以内,滤液侵入速率 V_f 为 0.6~0.8mL/h·5cm²,侵入速率仍受储层渗透率影响,此阶段的侵入速率并不是渐变的,而是相对稳定的。理论模型中泥饼渗透率是指数下降的,本书认为泥饼渗透率呈阶段性变化,与前人的认识有所不同。

(3)泥饼生长破坏平衡阶段。此阶段在实验时间 30min~200min 范围,滤液侵入速率 V_f 为 0.1~0.2mL/h·5cm²,受储层渗透率影响。此阶段维持时间较长,钻井液侵入比较稳定,是滤液侵入的重要阶段。

(4)泥饼形成封堵层阶段。此阶段在实验时间 200min 以后,侵入速率 $V_f=0.03$mL/h·5cm²。

此阶段在某些样品实验中并未出现,分析其原因,可能是受泥饼生长空间和钻井液循环的影响。生长空间大于3mm,则泥饼较厚,泥饼渗透率极低;钻井液停止循环后,在井壁上的泥饼继续加厚,使得泥饼渗透率继续下降,形成封堵层。如图2-4中,样品6未形成泥饼封堵层,样品1则形成了封堵层。

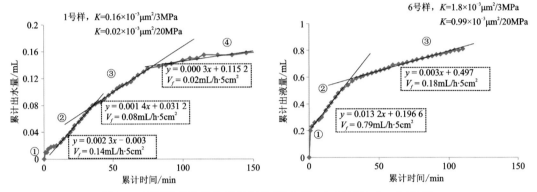

图2-4　不同泥饼生长阶段的划分(图中 $K = 0.16 \times 10^{-3} \mu m^2 /3MPa$ 表示在3MPa条件下所测得的渗透率,下同)

当钻井液侵入实验进行到150min左右时,滤液侵入速率会略微升高,此现象称为曲线翘尾性。此阶段并不是由泥饼生长阶段引起的,而是钻井液完全侵入后,孔隙内流体由气水两相流变为水单相流,渗流阻力下降,故侵入速率增加。

如图2-5,在100min时,电阻值降低至 $1 \sim 2 k\Omega$ 之后,电阻值不再变化,表明钻井液已经完全侵入岩心,同时滤液侵入速率在100min时,由前一阶段的 $0.12mL/h \cdot 5cm^2$ 增长到 $0.19mL/h \cdot 5cm^2$ 左右,侵入速率变化与电阻值变化相对应,说明翘尾性的解释比较合理。

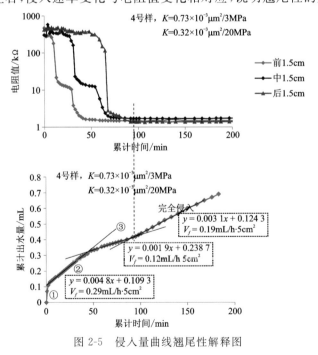

图2-5　侵入量曲线翘尾性解释图

在储层渗透率较大的条件下,滤液侵入速率主要受泥饼渗透率的影响,则可以根据岩心渗透率较大的实验数据,计算泥饼渗透率。

使用公式为达西定律:

$$q = \frac{A}{L} \times \frac{K}{\mu} \times \Delta P \tag{2-1}$$

式中:q 为流体流速,m³/s;A 为泥饼截面,m²;L 为泥饼厚度,m;K 为泥饼渗透率,$\times 10^{-3}$ μm²;μ 为滤液黏度,Pa·s;ΔP 为泥饼两端压差,Pa。

根据实验数据,在储层渗透率大于 1×10^{-3} μm² 时,不同样品、相同泥饼生长阶段的侵入速率十分接近。计算泥饼渗透率时,使用岩心渗透率较大的实验数据,减少了由于岩心渗透率引起的误差。

表 2-6 为计算获得的不同泥饼生长阶段的泥饼渗透率,可为数值模型提供泥饼渗透率数据。可以看出,泥饼渗透率很低,为微达西级别。泥饼快速生长阶段的渗透率为 1×10^{-6} μm²,泥饼生长破坏平衡阶段的渗透率为 0.25×10^{-6} μm²,仅相当于岩心渗透率的几百分之一到几千分之一,故而钻井液滤液的侵入速率受泥饼渗透率的影响很大。

表 2-6 不同泥饼生长阶段的泥饼渗透率数据

泥饼生长阶段	时间/min	泥饼渗透率/$\times 10^{-6}$ μm²
无泥饼阶段	0~3	无穷大
泥饼快速生长阶段	3~30	1
泥饼生长破坏平衡阶段	30~200	0.25
泥饼形成封堵层阶段	>200	0.05

2)钻井液滤液侵入速率特征与影响因素

单个样品的钻井液滤液侵入速率曲线的主要特征是分段性,其影响因素为不同的泥饼生长阶段;多个样品侵入速率曲线对比,主要特征是侵入速率具有差异性,即在泥饼的相同生长阶段内做比较,不同样品的侵入速率不同。本书主要对比泥饼生长破坏平衡阶段的滤液侵入速率。

(1)岩心渗透率的影响。对比图 2-6 中 6 号样和 5 号样可以看到,6 号样岩心渗透率 $K = 1.8 \times 10^{-3}$ μm²/3MPa(0.9×10^{-3} μm²/20MPa),5 号样岩心渗透率 $K = 1.12 \times 10^{-3}$ μm²/3MPa(0.59×10^{-3} μm²/20MPa),两块岩心渗透率较大,且相差也比较大。在泥饼生长破坏平衡阶段,6 号样品的滤液侵入速率 $V_f = 0.18$mL/h·5cm²,5 号样品滤液侵入速率 $V_f = 0.17$mL/h·5cm²,滤液侵入速率比较相近,说明在渗透率较大的情况下,侵入速率受泥饼渗透率的影响很大,而储层渗透率对滤液侵入速率的影响很小。

对比 5 号样、4 号样、1 号样可以看到,三块岩心的岩心渗透率分别为 1.12×10^{-3} μm²/3MPa(0.59×10^{-3} μm²/20MPa)、0.73×10^{-3} μm²/0.32MPa(0.59×10^{-3} μm²/20MPa)和 0.16×10^{-3} μm²/3MPa(0.02×10^{-3} μm²/20MPa),在泥饼生长破坏平衡阶段,5 号样钻井液滤液侵入速率 V_f 为 0.17mL/h·5cm²,4 号样钻井液滤液侵入速率 V_f 为 0.12mL/h·5cm²,1 号

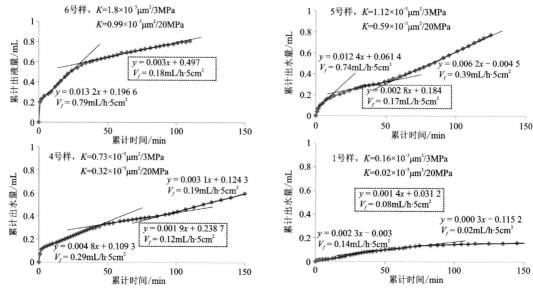

图 2-6　不同渗透率岩心的侵入速率对比图

样的滤液侵入速率 V_f 为 $0.02\text{mL/h} \cdot 5\text{cm}^2$，其侵入速率随岩心渗透率的下降而下降。

综合分析 4 块岩心样品侵入速率的差异，认为当岩心渗透率大于 $1 \times 10^{-3}\ \mu\text{m}^2/3\text{MPa}$（或大于 $0.4 \times 10^{-3}\ \mu\text{m}^2/20\text{MPa}$）时，钻井液侵入速率不变，此时渗透率称为钻井液侵入的"岩心临界渗透率"；当岩心渗透率小于 $1 \times 10^{-3}\ \mu\text{m}^2/3\text{MPa}$ 时，滤液的侵入速率受岩心渗透率影响较大，侵入速率随岩心渗透率下降而下降。

那么，临界岩心渗透率的大小与什么有关系呢，本书分析认为与泥饼渗透率有关。泥饼渗透率在泥饼生长破坏平衡阶段为 $0.25 \times 10^{-6}\ \mu\text{m}^2$，在实验围压 20MPa 的条件下，临界岩心渗透率为 $(0.3 \sim 0.4) \times 10^{-3}\ \mu\text{m}^2$，大约为泥饼渗透率的 1000 倍，故而认为，同样的温度、压力条件下，泥饼渗透率的 1000 倍即为岩心临界渗透。

（2）泥饼厚度的影响。图 2-7 中三块样品，13 号样品形成 3mm 厚的泥饼，4 号样品形成 2mm 厚的泥饼，5 号样品形成 1mm 厚的泥饼。样品中，只有 13 号样品处于泥饼形成封堵层阶段，此阶段的侵入速率为 $0.02 \sim 0.03\text{mL/h} \cdot 5\text{cm}^2$，可见泥饼厚度大于 3mm 可形成泥饼封堵层。后两块样品泥饼厚度为 $1 \sim 2\text{mm}$，仅达到泥饼生长破坏平衡阶段，钻井液滤液侵入速率受泥饼渗透率和地层渗透率共同影响，侵入速率分别为 $0.12\text{mL/h} \cdot 5\text{cm}^2$ 和 $0.17\text{mL/h} \cdot 5\text{cm}^2$。

泥饼能否形成封堵层主要依据其厚度，泥饼厚度的影响因素主要是生长空间和钻井液是否循环。在实际钻井过程中，生长空间一般为几毫米，泥饼厚度最大为 $4 \sim 5\text{mm}$。在正常钻进过程中，钻井液处于循环状态，不会形成泥饼封堵层，只有在换钻头停钻时，钻井液停止循环，可以形成泥饼封堵层，但是，当再次下钻进行钻进作业时，泥饼封堵层又会被破坏。故而认为，钻井液侵入过程仅需要考虑泥饼生长破坏平衡阶段即可。

（3）储层流体性质的影响。根据实验数据，钻井液对水层侵入速率大，对气层侵入速率小。3 号样品和 5 号样品渗透率相近，对比其泥饼生长破坏平衡阶段的侵入速率，如图 2-8，模拟水层的 3 号样品钻井液侵入速较大，为 $0.41\text{mL/h} \cdot 5\text{cm}^2$；模拟气层的 5 号样品的侵入速率

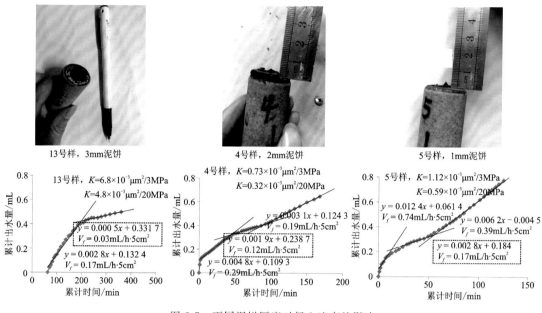

图 2-7　不同泥饼厚度对侵入速率的影响

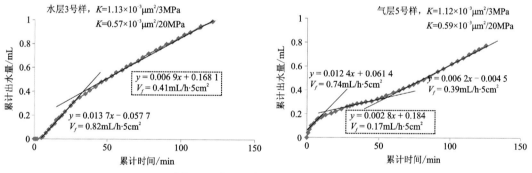

图 2-8　水层和气层的侵入速率对比

为 $0.17\text{mL/h} \cdot 5\text{cm}^2$，比水层侵入速率低。

其机理是钻井液侵入水层为单相流动，侵入气层则为双相流动，双相流的渗流阻力较大，故侵入速率小。图 2-8 显示气层在 60min 左右，钻井液完全侵入后的侵入速率上升为 $0.39\text{mL/h} \cdot 5\text{cm}^2$，与水层侵入速率接近，可见侵入水层的单相流的流速较大。

一般认为钻井液侵入气层更容易，但本次实验结论是侵入水层更容易，可能由于实验中无法模拟水层、气层的压缩性。故而，两相流动产生的渗流阻力在实验中起到更重要的作用。

在数值模拟中，考虑了水层与气层的压缩性，数值模拟结果与实验结果有差异，在储层流体性质的影响方面，实验所能涉及的影响因素较少，水层实验数据的使用受到限制。

总的来说，水层和气层的侵入速率不同，这是受两相渗流、流体压缩性共同影响的结果，在数值模拟中可以很好地检验模型的合理性。

（4）钻井液黏度的影响。增黏钻井液的侵入速率小于原始钻井液，即钻井液黏度增大（或 API 失水下降），使侵入速率下降。对比 5 号样和 14 号样可知，5 号使用普通钻井液，在泥饼生长破坏平衡阶段侵入速率为 $0.17\mathrm{mL/h \cdot 5cm^2}$；14 号样品使用了增黏钻井液，在泥饼生长破坏平衡阶段侵入速率为 $0.12\mathrm{mL/h \cdot 5cm^2}$，小于普通钻井液的侵入速率（图 2-9）。其机理是，增黏剂实质上是一种胶体，胶体含量增加使得形成的泥饼柔韧性增加，泥饼在压力作用下可以被压缩，同等压力条件下，增黏钻井液形成的泥饼渗透率更低，从而导致侵入速率降低。

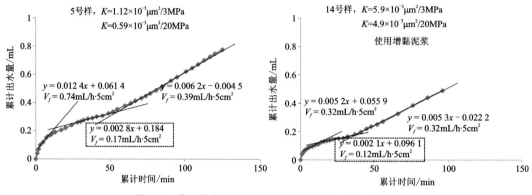

图 2-9 普通钻井液与增黏钻井液的侵入速率对比图

3）滤液侵入深度特征与影响因素

本书判断钻井液侵入深度主要依据实验测量电阻值的变化，根据电阻值变化的时间间隔，可以判断侵入 1.5cm（电极距离）所用的时间。实验分析显示，钻井液侵入深度特征受到初始含水饱和度和侵入速率的共同影响。

（1）初始含水饱和度的影响。如图 2-10，上部两张图为 6 号样品和 5 号样品的测量电阻值变化图，下部两张图为样品对应的侵入速率图。6 号样品和 5 号样品在泥饼生长破坏平衡阶段的钻井液侵入速率相同，孔隙度接近，初始含水饱和度相差较大，导致 P_{vf}（可被钻井液滤液取代的孔隙体积）差异明显，6 号样 $P_{vf} = 0.8\mathrm{mL}$，5 号样 $P_{vf} = 0.35\mathrm{mL}$。6 号样品"前1.5cm"和"中1.5cm"电阻值变化时间间隔为 45min，5 号样品的"前1.5cm"和"中1.5cm"电阻值变化间隔为 15min，即，同样侵入 1.5cm 距离，6 号样品所使用的时间比 5 号样品多。说明在侵入速率相近的情况下，初始含水饱和度小，侵入深度小。其主要原因是初始含水饱和度 S_w 低，滤液驱替过程中所需取代的体积增大，故而侵入深度小。

（2）侵入速率的影响。在其他同等条件下，侵入速率增大，侵入深度增大。如图 2-11 所示，两块样品的孔隙度、初始含水饱和度相近，渗透率及滤液侵入速率差别较大，4 号样品的"前1.5cm"和"中1.5cm"时间间隔为 20min，1 号样品的"前1.5cm"和"中1.5cm"时间间隔为 50min。相同的实验时间内，侵入到达的位置不同，比如，4 号样品在 50min 时侵入到"中1.5cm"位置，而 1 号样品则侵入到"前1.5cm"位置。可见侵入速率降低，侵入深度变化慢，侵入深度小。

二、钻井液固相颗粒侵入特征

将钻井液侵入完成后的样品用保鲜膜包好，用岩心切割机切开一个断口，小心将岩心剖开。首先用肉眼观察，可以观察内泥饼的发育厚度，以及钻井液固相所能影响的区域。而后

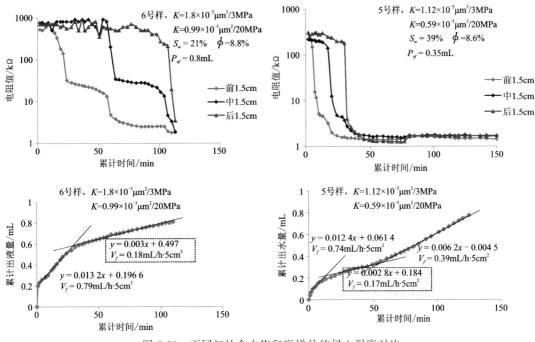

图 2-10　不同初始含水饱和度样品的侵入深度对比

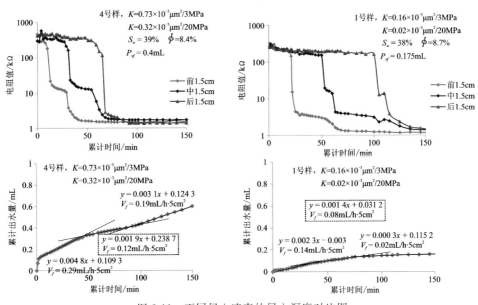

图 2-11　不同侵入速率的侵入深度对比图

取出具有新鲜断面的岩心,与实验前未污染的岩样一起,做扫描电镜实验,对比判断钻井液固相在岩心中的赋存状态。

（一）内泥饼特征

通过肉眼观察,可将岩心从前端向后端依次划分为内泥饼、固相颗粒影响区、无固相颗粒区。其中，内泥饼厚度一般为 1～3mm，其厚度受储层渗透率的影响；固相影响区域 3～5cm。

泥饼可分为外泥饼和内泥饼，外泥饼是在钻井液柱压力、钻井液剪切力、井壁的摩擦阻力共同作用下，将钻井液固相颗粒压缩在井壁之上的部分；内泥饼则是由于钻井液柱压力的作用，部分钻井液颗粒进入储层，在前端很薄的区域内，形成孔隙被钻井液固相颗粒堵塞的弱渗透层。

根据岩心剖开后的颜色变化，可以观察内泥饼的厚度，1、4、14 号样品内泥饼厚度分别为 1mm、1.5mm、2mm，3MPa 围压下的渗透率分别为 $0.09 \times 10^{-3} \mu m^2$、$0.7 \times 10^{-3} \mu m^2$、$6.2 \times 10^{-3} \mu m^2$。可见渗透率升高，对应内泥饼厚度增大，但最大也不会超过 3mm，内泥饼厚度和孔隙度没有明显关系（图 2-12）。

图 2-12　内泥饼厚度对比图

注：1 号样，X-1 井 3 445.96m；4 号样，X-1 井 3 447.27m；14 号样，Y-2 井 3 775.8m。

（二）固相颗粒影响范围

通过肉眼观察，内泥饼之后，有一段岩心的岩石略微变化，再往后则颜色较浅，根据颜色变化可以得出固相影响深度。

图 2-13 中，1、3、4、14 号样品的钻井液固相影响深度分别为 3.5cm、2.5cm、4cm、5cm，其中 1、4、14 号样品模拟气层侵入，3 号样品模拟水层侵入。可以看出从 1 号样品的 $K=0.09 \times 10^{-3} \mu m^2 / 3MPa$ 到 14 号样品的 $K=6.2 \times 10^{-3} \mu m^2 / 3MPa$，钻井液固相影响深度从 3.5cm 增长到 5cm，即随着渗透率的增加，固相影响深度增加。模拟水层侵入的 3 号样品，固相影响深度为 2.5cm，比气层侵入的钻井液固相影响深度小。

（三）钻井液固相颗粒在岩石孔隙中的赋存状态

通过对比实验前后岩样扫描电镜结果，可以判断出钻井液固相颗粒在储层中的赋存状态。经过实验分析，钻井液固相颗粒在岩心的赋存状态主要分为 3 种：堵塞与半堵塞状分布、黏附状分布、填充状分布。

1. 堵塞与半堵塞状分布

如图 2-14 所示，(a) 为钻井液固相颗粒，大小约为 $40 \mu m$，X 衍射能谱分析其为重晶石；(b) 为实验前样品，可以看出实验前孔隙中没有外来物；(c) 为内泥饼取样的扫描电镜照片，孔

图 2-13　不同样品的钻井液固相影响范围对比

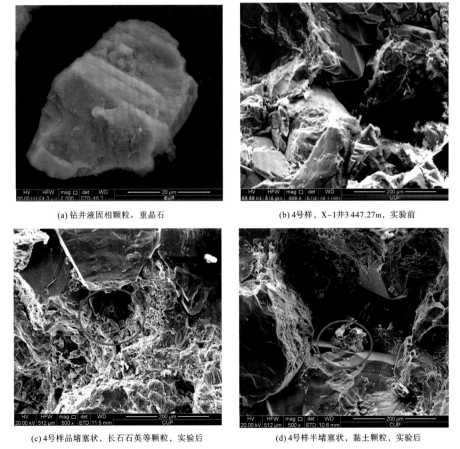

(a) 钻井液固相颗粒，重晶石　　　　　　(b) 4号样，X-1井3 447.27m，实验前

(c) 4号样品堵塞状，长石石英等颗粒，实验后　　(d) 4号样半堵塞状，黏土颗粒，实验后

图 2-14　钻井液固相在地层中的堵塞与半堵塞状分布

隙中被 $20\sim30\mu m$ 的颗粒充填,固相颗粒赋存状态为堵塞状;(d)为钻井液固相颗粒影响区域的扫描电镜照片,可以看出,孔隙被外来物体占据,观察其形态判断为黏土颗粒,其赋存状态为半堵塞状。还可以看出,在岩心前端 $1\sim3mm$ 内泥饼区域内,长石、石英、重晶石等钻井液固相颗粒以堵塞状分布,固相颗粒一般为 $10\sim40\mu m$;在 $3\sim5cm$ 的固相影响区域内,$20\mu m$ 左右的黏土颗粒以半堵塞状分布。

2.黏附状分布

如图 2-15 所示,(a)(b)为 1 号样品实验前后的扫描电镜照片对比,可以看出,实验前孔隙无外来物,实验后孔隙中有 $5\sim10\mu m$ 的黏土颗粒;(c)(d)为 4 号、3 号(水层)的扫描电镜图片,均可发现粒度小于 $10\mu m$ 的黏土颗粒,少部分孔隙见粒度小于 $10\mu m$ 的石英、长石颗粒。

可见,在 $3\sim5cm$ 的钻井液固相影响区域内,较小的钻井液固相颗粒主要以黏附状分布,颗粒粒度小于 $10\mu m$ 的外来物主要为黏土颗粒,其次为长石、石英、重晶石等颗粒。

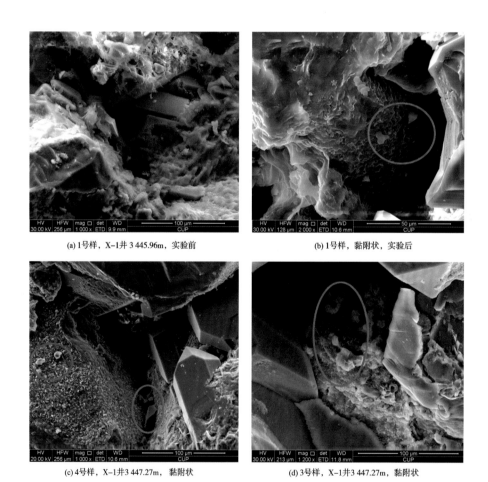

(a) 1号样,X-1井 3 445.96m,实验前　　　(b) 1号样,黏附状,实验后

(c) 4号样,X-1井 3 447.27m,黏附状　　　(d) 3号样,X-1井3 447.27m,黏附状

图 2-15　钻井液固相颗粒黏附状分布状态

3. 填充状分布

图 2-16 为 1 号样品微裂缝的断面,扫描电镜显示裂缝内被 $5\sim50\mu m$ 的固相颗粒充填,颗粒以石英、长石为主。裂缝中充填的颗粒粒级分布范围宽,为 $5\sim50\mu m$,且多为坚硬的固相颗粒,裂缝使钻井液失水量增大,钻井液固相的充填使得裂缝无法闭合,造成地层渗透率增大,此时钻井液侵入速率仅受外泥饼渗透率的影响。

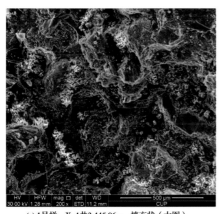 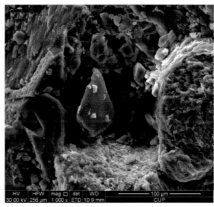

(a) 1号样, X-1井3 445.96m, 填充状 (大图)　　(b) 1号样, 填充状 (小图)

图 2-16　钻井液固相颗粒的填充状分布

钻井液固相对储层的伤害影响随着其赋存状态的变化而不同,堵塞与半堵塞状颗粒对储层渗透率损害大;裂缝中充填的固相颗粒使得裂缝无法闭合,地层渗透能力维持在一定范围,对储层伤害不明显;黏附状分布的颗粒对储层伤害不明显。

三、钻井液侵入对储层及电阻率的影响

(一) 钻井液侵入对储层的影响

钻井液侵入的污染特征主要考虑的是钻井液侵入对储层绝对渗透率和气相渗透率的影响,从实验结果表明(图 2-17、图 2-18),绝对渗透率下降 $5\%\sim40\%$,渗透率越高的样品下降幅度越大;气相渗透率下降 $60\%\sim95\%$,渗透率越低的样品下降幅度越大。

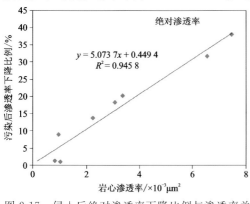 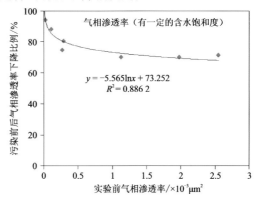

图 2-17　侵入后绝对渗透率下降比例与渗透率关系　　图 2-18　侵入后气相渗透率下降比例与渗透率关系

（二）钻井液侵入对电阻值的影响

钻井液侵入后，水层和气层电阻变化不同，水层的电阻值下降很快，气层电阻值分带性明显；高渗层电阻值变化和低渗层也不同，高渗层在喷失作用下，滤液快速侵入岩心较远距离，总体上电阻值下降很快，低渗层则分带性明显。

1. 气层、水层的电阻值变化特征对比

根据图 2-19，可以看到水层 3 号样品电阻值变化在很短时间内急剧下降，对侵入深度响应不明显，这可能由于矿化度均一化作用在水层更易完成，导致矿化度变化在很短时间内完成，从而引起电阻值在开始很短的时间内快速下降。气层 1 号样品前、中、后 3 个岩心位置的电阻值变化具有先后性，分带性明显。本文将分带性明显的电阻值变化曲线划分为 3 个带，从岩心前端向后端分别为完全侵入带、两相渗流带、未侵入带。

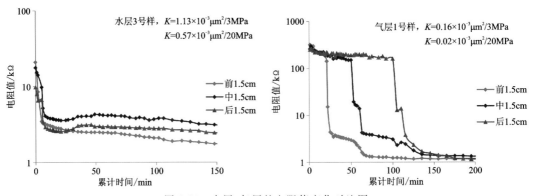

图 2-19　水层、气层的电阻值变化对比图

2. 不同渗透性岩心的电阻值变化

如图 2-20，13 号样 $K=6.8\times10^{-3}\mu m^2/3MPa$（$4.8\times10^{-3}\mu m^2/20MPa$），属于常规低渗层，其电阻值变化缓慢下降，无法判断未侵入带，与气层 1 号样品对比明显。经过分析，认为常规低渗层瞬间失水的影响较大，导致电阻值在较短时间内整体下降。气层 1 号样 $K=0.16\times10^{-3}\mu m^2/3MPa$（$0.02\times10^{-3}\mu m^2/20MPa$），为特低渗储层，电阻值变化呈现分带性特征。

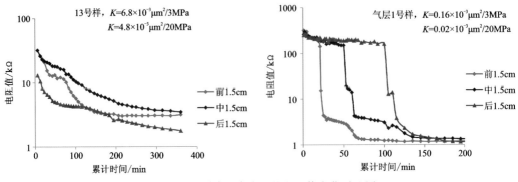

图 2-20　不同渗透率岩心的电阻值变化对比图

第二节　钻井液动态侵入方法与程序设计

一、钻井液动态侵入理论基础与模拟方法

钻井过程中钻井液柱压力大于地层压力,钻井液滤液侵入储集层是不可避免的。钻井液滤液侵入储集层经历喷射、动滤失、静滤失等阶段。实验和理论计算证明,形成上述动态平衡的过程中钻井液及其滤液侵入地层发生了非常复杂的物理、化学现象。钻开地层后,泥浆滤液的侵入随时间动态变化,导致测井结果也是侵入时间的函数,通过计算泥浆对油气层的动态侵入过程以及相应的电阻率测井动态响应建立动态侵入模型。侵入过程可以分成两部分:首先是泥浆滤液替换地层的原始流体,这一过程通过两相渗流方程模拟;然后是高矿化度水中的离子向低矿化度水中扩散,这一过程用对流扩散方程模拟。因此,钻井泥浆滤液动态侵入储层的计算模型包括泥浆侵入地层的多相渗流模型、扩散方程、岩电理论几个部分。钻井泥浆滤液对原状地层的侵入过程实际上是一个多相渗流问题,而泥浆滤液与地层水的物理混合等同于扩散过程。利用多孔介质中的相渗流理论和扩散理论,建立泥浆滤液侵入地层的物理模型,再由岩电理论求出地层电性参数。总之,了解侵入剖面的非活塞性驱替过程和钻井液滤液可能引起的储层伤害,掌握井周储层参数的动态变化规律对电阻率反演具有重要意义。

考虑毛管力的影响,不考虑重力的影响,根据渗流理论可得到如下一维径向流压力和饱和度方程:

$$\frac{1}{r}\frac{\partial}{\partial r}\left(\frac{rK\,k_{ro}}{\mu_{ro}}\frac{\partial P_{ro}}{\partial r}\right) = \frac{\partial(\Delta S_{ro})}{\partial t} \tag{2-2}$$

$$\frac{1}{r}\frac{\partial}{\partial r}\left(\frac{rK\,k_{rw}}{\mu_{rw}}\frac{\partial P_{rw}}{\partial r}\right) = \frac{\partial(\Delta S_{rw})}{\partial t} \tag{2-3}$$

辅助方程:

$$P_c(S_{rw}) = P_{ro} - P_{rw} \tag{2-4}$$

$$S_{ro} + S_{rw} = 1 \tag{2-5}$$

初始条件和边界条件:

$$P\big|_{r=r_b} = P_b \tag{2-6}$$

$$P\big|_{t=0} = P_{mf} \tag{2-7}$$

$$S_w\big|_{r=r_b} = 0.9 \tag{2-8}$$

$$S_w\big|_{t=0} = S_w^{mf} \tag{2-9}$$

$$\frac{\partial P}{\partial r}\bigg|_{r=r_b\to\infty} = 0 \tag{2-10}$$

式中:K 表示地层渗透率,k 为相对渗透率,下标 ro、rw 分别为润湿相(水)和非润湿相(油)相对渗透率;μ 为黏度,其下标含义同渗透率;S 为饱和度,下标含义同渗透率;P 为径向流压力,下标含义同渗透率;S_w^{mf} 表示初始原状地层含水饱和度;P_c 表示毛管压力;r 表示距井轴的距

离；r_b 表示井眼半径；P_b 表示钻井液柱压力；P_{mf} 表示初始原状地层压力。

由于泥浆滤液与地层水矿化度的不同，在侵入过程中泥浆滤液会和地层水发生混合，利用对流扩散方程模拟泥浆滤液与地层水的混合过程，它表现了盐离子从高浓度向低浓度扩散的过程。

$$\frac{1}{r}\frac{\partial}{\partial r}\left(\frac{rK\,k_{rw}\,C_w}{u_w}\frac{\partial P_w}{\partial r}\right) = \frac{\partial(\Delta S_w C_w)}{\partial t} \tag{2-11}$$

边界条件：

$$C_w(r)\mid_{t=0} = C_{w0} \tag{2-12}$$

$$C_w(r)\mid_{r=r_0} = C_{mf} \tag{2-13}$$

$$C_w(r)\mid_{r=r_a} = C_{w0} \tag{2-14}$$

这里，C_{w0} 表示原状地层的矿化度，C_{mf} 表示泥浆滤液的矿化度。

本项目采用有限差分方法分别求解上述两相渗流方程和对流扩散方程，得到各个时刻的含水饱和度和地层矿化度分布剖面。当地层水的矿化度 c 已知时，可利用下式求取地层水电阻率R_w：

$$R_w = \left[0.012\,3 + \frac{3\,647.5}{c^{0.955}}\right]\frac{82}{1.8T+39} \tag{2-15}$$

而后再根据不同时刻的地层水饱和度 S_w 和地层水电阻率R_w，根据 Archie 公式计算出径向电阻率 R_t：

$$R_t = \frac{aR_w}{\phi^m S_w^n} \tag{2-16}$$

在侵入过程中，井壁内侧的泥饼起初不断增加，到一定厚度后维持不变，同时泥饼的性能包括孔隙度和渗透率都不断发生变化。泥饼厚度满足的方程为：

$$\frac{\mathrm{d}\,x_{mc}}{\mathrm{d}t} = \frac{f_s}{(1-f_s)(1-\phi_{mc})}\mid v_n\mid \tag{2-17}$$

式中：x_{mc} 为泥饼厚度，f_s 为钻井液的固体含量，ϕ_{mc} 为泥饼的孔隙度，v_n 为达西速度，v_n 的计算公式为：$v_n = \frac{k_{mc}}{u_w}\frac{p_{mc}}{x_{mc}}$（ k_{mc} 为泥饼渗透率，p_{mc} 为泥饼两侧的压力差），k_{mc} 的计算公式为：

$$k_{mc} = \frac{k_{mc}^0}{P_{mc}^v} \tag{2-18}$$

式中：k_{mc}^0 表示压差为 1psi(1psi＝6.895kPa)时的泥饼渗透率，v 是压缩指数，一般取值范围为 0.4～0.9，而泥饼的动态孔隙度 ϕ_{mc} 为：

$$\phi_{mc} = \frac{\phi_{mc}^0}{P_{mc}^{\sigma v}} \tag{2-19}$$

式中：ϕ_{mc}^0 为压差为 1psi 时泥饼孔隙度。系数 υ 的一般取值范围为 0.1～0.2。

二、泥浆动态侵入模拟程序设计

根据上述的渗流理论和对流扩散方程，采用时域有限差分方法，设计泥浆动态侵入模拟程序。为进行泥浆动态侵入模拟程序的验证，模拟了表 2-7 所示地层模型在不同时刻的泥浆动态侵入状态,包括地层含水饱和度分布、地层矿化度分布以及地层电阻率分布剖面图。

表 2-7　泥浆动态侵入参数表

参数	单位	数值
泥饼渗透率	$\times10^{-3}\mu m^2$	0.03
泥饼孔隙度		0.3
泥浆固相含量		0.06
泥饼最大厚度	cm	1.0
泥饼可压缩性指数		0.40
泥饼指数项因子		0.1
钻井液滤液黏度	cP	1.0
油黏度	cP	3.0
地层压力	psi	5000
钻井液静压	psi	5500
地层渗透率	$\times10^{-3}\mu m^2$	300
地层孔隙度		0.25
地层水饱和度		0.10
井眼直径	in	8.5
地层外边界	cm	610
钻井液滤液矿化度	$\times10^{-6}$	43 900
地层水矿化度	$\times10^{-6}$	102 500

注:1in=25.4mm,1psi=6.895kPa,1cP=1mPa・s,下同。

模拟结果如图 2-21～图 2-23 所示。

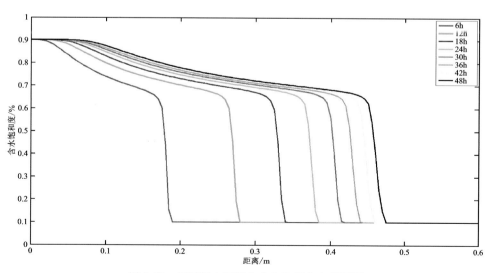

图 2-21　不同侵入时间含水饱和度分布剖面图

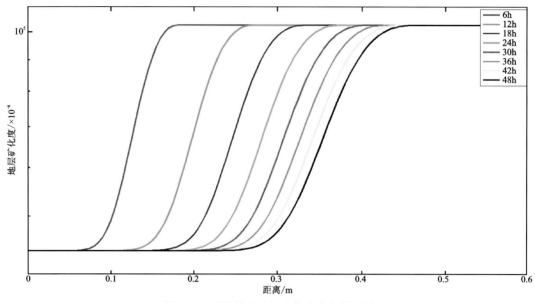

图 2-22　不同侵入时间矿化度分布剖面图

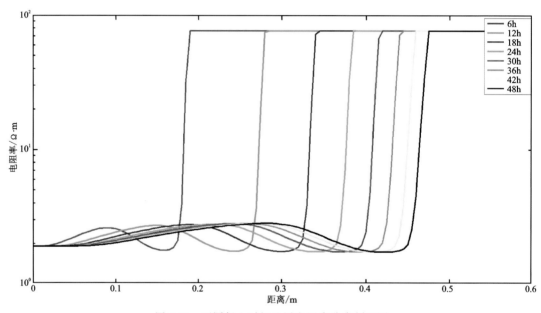

图 2-23　不同侵入时间地层电阻率分布剖面图

三、西湖凹陷区域典型油藏泥浆侵入动态模拟

针对西湖凹陷区块典型油藏，设计 8 种模型参数，如表 2-8 所示，模拟不同地层在含气饱和度为 70%、50%、30%、10% 下不同时刻的电阻率侵入剖面图；假设地层是气水混合层，则地层含水饱和度分别为 30%、50%、70%、90%，其中具体参数设置如表 2-9 所示。

表 2-8　西湖凹陷区域典型油藏模型参数

模拟地层编号	1	2	3	4	5	6	7	8
孔隙度/%	6	7.5	8.5	10	12	15	20	30
渗透率/$\times 10^{-3} \mu m^2$	0.1	0.3	0.8	2	3	30	100	500
压力/psi	地层压力:7000				地层压力:5300			
	钻井液静压:7500				钻井液静压:6800			

表 2-9　典型模型实例泥浆动态侵入参数表

参数	单位	数值
泥饼渗透率	$\times 10^{-3} \mu m^2$	0.03
泥饼孔隙度		0.3
固含		0.06
泥饼最大厚度	cm	1.0
泥饼可压缩性指数 υ		0.40
泥饼指数项因子 d		0.1
钻井液滤液黏度	cP	1.0
气黏度	cP	0.3
地层压力	psi	
钻井液静压	psi	
地层渗透率	$\times 10^{-3} \mu m^2$	
地层孔隙度		
地层水饱和度		
井眼直径	in	8.5
地层外边界	cm	165
钻井液滤液矿化度	$\times 10^{-6}$	60 000
地层水矿化度	$\times 10^{-6}$	10 000

　　图 2-24～图 2-35 为具有代表性的特低渗 3 号、低渗 5 号及高渗 7 号岩心油藏动态侵入电阻率剖面图。

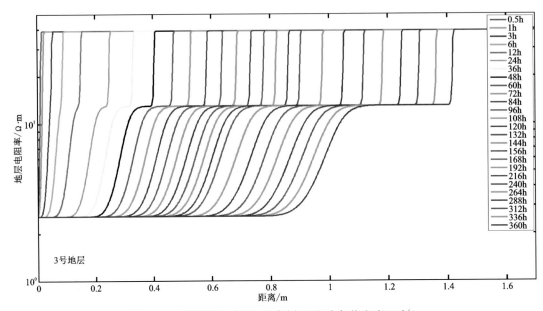

图 2-24　不同侵入时间电阻率剖面图（含气饱和度 70％）

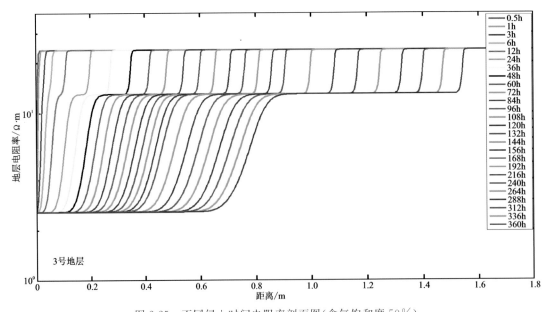

图 2-25　不同侵入时间电阻率剖面图（含气饱和度 50％）

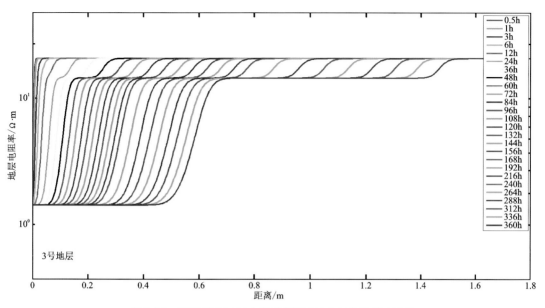

图 2-26　不同侵入时间电阻率剖面图（含气饱和度 30％）

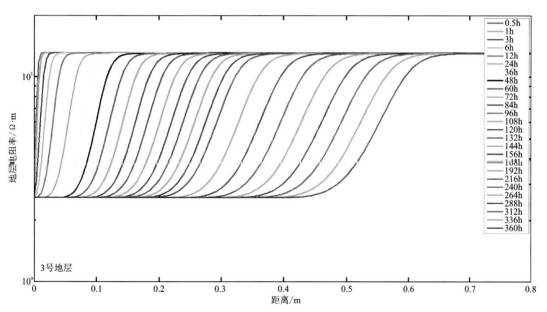

图 2-27　不同侵入时间电阻率剖面图（含气饱和度 10％）

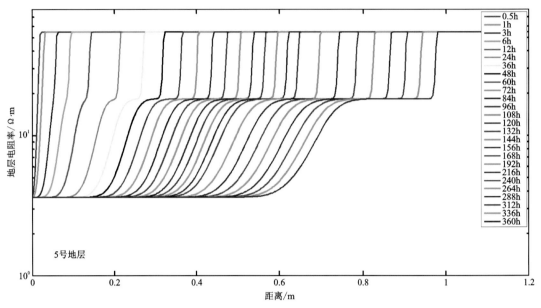

图 2-28　不同侵入时间电阻率剖面图(含气饱和度 70％)

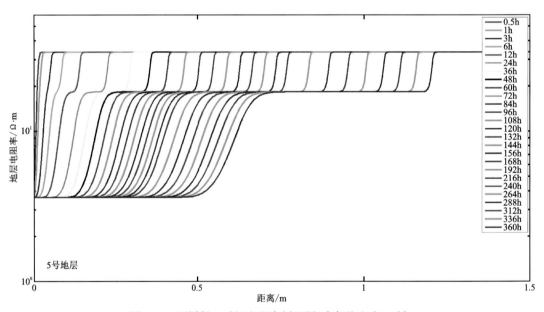

图 2-29　不同侵入时间电阻率剖面图(含气饱和度 50％)

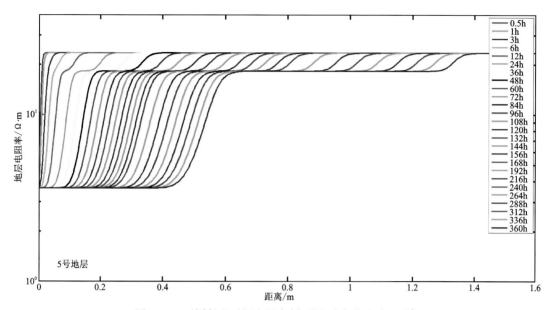

图 2-30　不同侵入时间电阻率剖面图（含气饱和度 30％）

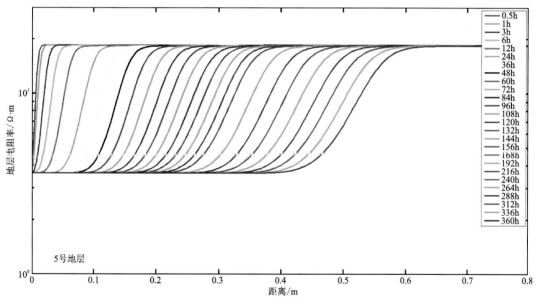

图 2-31　不同侵入时间电阻率剖面图（含气饱和度 10％）

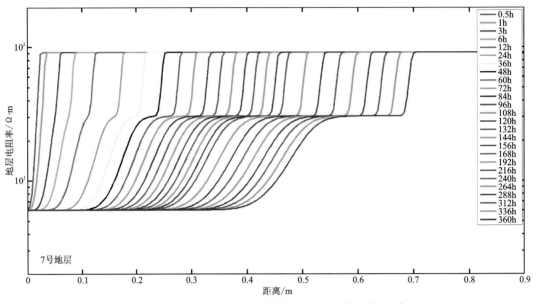

图 2-32 不同侵入时间电阻率剖面图（含气饱和度 70％）

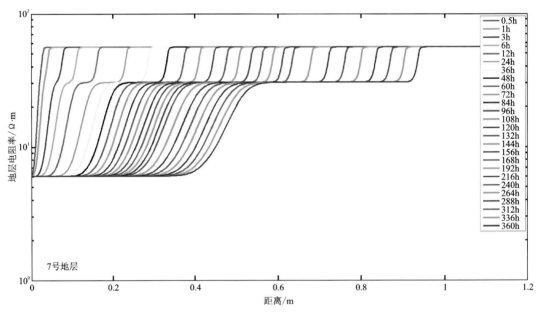

图 2-33 不同侵入时间电阻率剖面图（含气饱和度 50％）

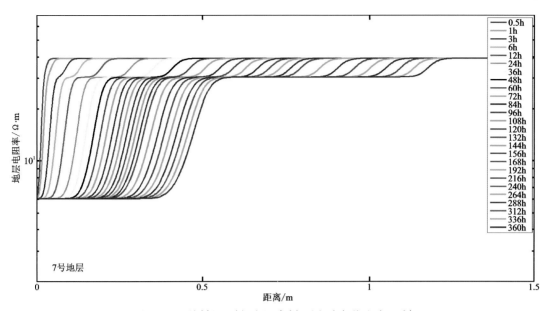

图 2-34　不同侵入时间电阻率剖面图（含气饱和度 30%）

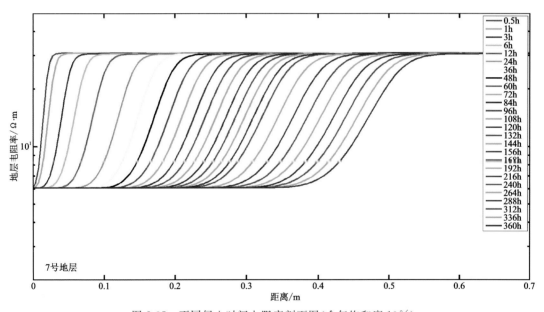

图 2-35　不同侵入时间电阻率剖面图（含气饱和度 10%）

　　以上 8 种典型储层泥浆侵入动态模拟所得泥浆,在浸泡 15d 后不同含气饱和度储层的侵入深度如表 2-10 所示。由表 2-10 可得如下侵入规律:①随孔渗增加,侵入深度呈先增加后减小趋势;②随地层含气饱和度降低,低孔渗侵入深度逐渐减小,高孔渗侵入深度先增后减;③无论孔渗大小,水层侵入普遍较浅。

表 2-10　西湖凹陷区域典型储层泥浆侵入深度

模拟地层编号		1	2	3	4	5	6	7	8
孔隙度/%		6	7.5	8.5	10	12	15	20	30
渗透率/×$10^{-3}\mu m^2$		0.1	0.3	0.8	2	3	30	100	500
地层压力/psi		7000			5300				
钻井液静压/psi		7500			6800				
不同含气饱和度地层 15d 后侵入深度/m	含气饱和度 70%	0.59	0.82	1.10	0.85	0.75	0.69	0.53	0.37
	含气饱和度 50%	0.54	0.77	1.07	0.91	0.84	0.83	0.65	0.44
	含气饱和度 30%	0.46	0.68	0.98	0.96	0.90	1.00	0.80	0.54
	含气饱和度 10%	0.25	0.36	0.55	0.53	0.51	0.58	0.45	0.32

第三节　泥浆侵入电阻率测井反演研究

一、反演原理

本次非线性迭代反演方法主要采用的是 Levenberg-Marquardt 型非线性最小二乘法。通过最小二乘法求解实际测量值与模拟值的残差，即迭代方向，再通过黄金分割法得到迭代方向上的步长因子，逐步循环迭代直到反演的值满足所要求的精度。在使用迭代反演软件时，由于需要计算 Jaocbian 矩阵，因此比较耗时，但是反演结果在精度上更加准确，具体的理论阐述如下。

研究求解如下形式的非线性最小二乘问题：

$$\min_{x \in R^n} f(x) = \frac{1}{2} r(x)^{\mathrm{T}} r(x) = \frac{1}{2} \sum_{i=1}^{m} \left[r_i(x) \right]^2, \qquad m \geqslant n \qquad (2\text{-}20)$$

其中：$r(x)$ 是 x 的非线性函数，如果 $r(x)$ 是线性函数，则式(2-20)是线性最小二乘问题。

非线性最小二乘问题可以看作无约束极小化的特殊情形，也可以看作解方程组：

$$r_i(x) = 0, i = 1, \cdots, m \qquad (2\text{-}21)$$

$r_i(x)$ 称为残量函数，当 $m > n$ 时，方程组(2-21)称为超定方程组；当 $m = n$ 时，方程组(2-21)称为确定方程组。

非线性最小二乘问题在数据拟合、参数估计和函数逼近等方面有广泛应用。例如，要拟合数据 $(t_i, y_i), i = 1, \cdots, m$，拟合函数为 $(t, x)\varphi(t, x)$，它是 x 的非线性函数。要求选择 x 使得拟合函数 $(t, x)\varphi(t, x)$ 在残量平方和意义上尽可能好地拟合数据，其中残量为：

$$r_i(x) = \varphi(t_i, x) - y_i \ , i = 1, \cdots, m \tag{2-22}$$

通常 $m \gg n$ 。这样便得到非线性最小二乘问题(2-22)。

由于目标函数 $f(x)$ 有特殊结构,因此可以对一般的无约束最优化方法进行改造,得到一些更有效的特殊方法。

设 $J(x)$ 是 $r(x)$ 的 Jacobian 矩阵:

$$J(x) = \begin{pmatrix} \dfrac{\partial r_1}{\partial x_1} & \cdots & \dfrac{\partial r_1}{\partial x_n} \\ \vdots & \ddots & \vdots \\ \dfrac{\partial r_m}{\partial x_1} & \cdots & \dfrac{\partial r_m}{\partial x_n} \end{pmatrix} \tag{2-23}$$

则 $f(x)$ 的梯度为:

$$g(x) = \sum_{i=1}^{m} r_i(x) \, \nabla r_i(x) = J(x)^{\mathrm{T}} r(x) \tag{2-24}$$

$f(x)$ 的 Hesse 矩阵为:

$$\begin{aligned} G(x) &= \sum_{i=1}^{m} \left[\nabla r_i(x) \, \nabla r_i(x)^{\mathrm{T}} + r_i(x) \, \nabla^2 r_i(x) \right] \\ &= J(x)^{\mathrm{T}} J(x) + S(x) \end{aligned} \tag{2-25}$$

其中:

$$S(x) = \sum_{i=1}^{m} r_i(x) \, \nabla^2 r_i(x) \tag{2-26}$$

因此,目标函数 $f(x)$ 的二次模型为:

$$m_k(x) = f(x_k) + g(x_k)^{\mathrm{T}} (x - x_k)^{\mathrm{T}} G(x_k)(x - x_k) = \frac{1}{2} r(x_k)^{\mathrm{T}} r(x_k) + \left[J(x_k)^{\mathrm{T}} r(x_k) \right]^{\mathrm{T}} (x$$
$$- x_k) + \frac{1}{2}(x - x_k)^{\mathrm{T}} \left[J(x_k)^{\mathrm{T}} J(x_k) + S(x_k) \right](x - x_k) \tag{2-27}$$

从而,解问题(2-20)的牛顿法为:

$$x_{k+1} = x_k - \left[J(x_k)^{\mathrm{T}} J(x_k) + S(x_k) \right]^{-1} J(x_k) r(x_k) \tag{2-28}$$

在标准假设下,式(2-27)具有局部二阶收敛速度。但是,上述牛顿法的主要问题是 Hesse 矩阵 $G(x)$ 中的二阶信息项 $S(x)$ 通常难以计算或者花费的工作量很大。而利用整个 $G(x)$ 的割线近似也不可取,因为在计算梯度 $g(x)$ 时已经得到 $J(x)$,这样, $G(x)$ 中的一阶信息项 $J(x)^T J(x)$ 是已知的。鉴于此,为了简化计算,获得有效的算法,可以忽略 $S(x)$,或者用一阶导数信息逼近 $S(x)$ 。由式(2-27)可知,当 $r_i(x)$ 接近于零或者 $r_i(x)$ 接近线性函数从而 $\nabla^2 r_i(x)$ 接近于零时, $S(x)$ 才可以忽略。这类问题通常被称为小残量问题,否则,便被称为大残量问题。

Gauss-Newton 法是在目标函数的二次模型(2-27)中忽略 $G(x)$ 二阶信息项 $S(x)$ 的计算方法。这样,式(2-27)成为

$$\bar{m}_k(x) = \frac{1}{2} r(x_k)^{\mathrm{T}} r(x_k) + \left[J(x_k)^{\mathrm{T}} r(x_k) \right]^{\mathrm{T}} (x - x_k) + \frac{1}{2}(x - x_k)^{\mathrm{T}} \left[J(x_k)^{\mathrm{T}} J(x_k) \right](x - x_k)$$

$$\tag{2-29}$$

从而式(2-28)成为

$$x_{k+1} = x_k - [J(x_k)^T J(x_k)]^{-1} J(x_k) r(x_k) = x_k + s_k \qquad (2-30)$$

这里：$s_k = -[J(x_k)^T J(x_k)]^{-1} J(x_k) r(x_k)$

方程(2-29)相当于考虑 $r(x)$ 在 x_k 附近的仿射模型

$$\bar{m}_k(x) = r(x_k) + J(x_k)(x - x_k) \qquad (2-31)$$

从而求线性最小二乘问题的解(式2-32)。

$$f(x) = \min \frac{1}{2} \| \bar{m}_k(x) \|^2 \qquad (2-32)$$

Gauss-Newton 法仅需残量函数 $r(x)$ 的一阶导数信息，并且 $J(x)^T J(x)$ 至少是正半定的。

由于牛顿法在标准假设下是局部二阶收敛的，故 Gauss-Newton 法的收敛性依赖于 $G(x)$ 中所忽略的二阶信息项 $S(x)$。如果 $S(x^*) = 0$，则 Gauss-Newton 法也是二阶收敛的；如果 $S(x^*)$ 相对于 $J(x^*)^T J(x^*)$ 是小的，则 Gauss-Newton 法是局部 Q 线性收敛。但是，如果 $S(x^*)$ 太大，则 Gauss-Newton 法可能不收敛。

Gauss-Newton 法的优点：①对于零残量问题(即 $r(x)=0$)，有局部二阶收敛速度；②对于小残量问题(即残量 $r(x)$ 较小，或 $r(x)$ 接近线性)，有快的局部收敛速度；③对于线性最小二乘问题，一步达到极小点。

同时，Gauss-Newton 法具有以下缺点：①对于不是很严重的大残量问题，有较慢的局部收敛速度；②对于残量很大的问题或 $r(x)$ 的非线性程度很大的问题，不收敛；③如果雅可比不满秩，方法没有定义；④不一定总体收敛。

在该项目中，我们采用的 Gauss-Newton 法往往加上线性搜索策略，即：

$$x_{k+1} = x_k - \alpha_k [J(x_k)^T J(x_k)]^{-1} J(x_k)^T r(x_k) \qquad (2-33)$$

其中，α_k 是一维搜索因子，这种方法称为修正 Gauss-Newton 法。如前所述，修正 Gauss-Newton 法由于采用了线性搜索，因而它保证目标函数每一步下降，对于几乎所有非线性最小二乘问题，它都具有局部收敛性。一维搜索中，本项目采用的是黄金分割法，即 0.618 法来求解步长因子。事实上，从一维搜索理论我们已经知道，修正 Gauss-Newton 法是总体收敛的方法。尽管如此，对于某些问题，它仍然可能收敛很慢。

在 Gauss-Newton 法中，我们要求 $J(x^*)$ 是满秩的。遗憾的是，$J(x^*)$ 奇异的情形常常发生，使得算法常常收敛到一个非驻点。一旦 $J(x^*)$ 奇异，则在距离解点的某处，s_k 与 g_k 便在数值上直交。这样，由线性搜索便得不到进一步下降，而只能得到极小点的一个差的估计。

为了克服这些困难，考虑采用信赖域策略。其理由是：通常 $r(x)$ 是非线性函数，而 Gauss-Newton 法用线性化模型(2-31)代替 $r(x)$，得到线性最小二乘问题(2-32)，这种线性化并不对所有 $x - x_k$ 都成立。因此，我们考虑约束线性最小二乘问题，即考虑信赖域模型：

$$\min \| r(x_k) + J(x_k)(x - x_k) \|_2$$
$$\text{s. t. } \| x - x_k \|_2 \leqslant h_k \qquad (2-34)$$

易知，此模型的解可以由解方程组得到

$$[J(x_k)^{\mathrm{T}}J(x_k) + \mu_k I]_s = -J(x_k)^{\mathrm{T}}r(x_k) \tag{2-35}$$

从而

$$x_{k+1} = x_k - [J(x_k)^{\mathrm{T}}J(x_k) + \mu_k I]^{-1}J(x_k)^{\mathrm{T}}r(x_k) \tag{2-36}$$

如果 $\|[J(x_k)^{\mathrm{T}}J(x_k)]^{-1}J(x_k)^{\mathrm{T}}r(x_k)\| \leqslant h_k$，则 $\mu_k = 0$；否则 $\mu_k > 0$。由于 $J(x_k)^{\mathrm{T}}J(x_k) + \mu_k I$ 正定，故式(2-30)产生的方向 s 总是下降方向。这种方法是 Levenberg(1944)和 Marqurdt(1963)提出的，称为 Levenberg-Marquardt 方法(简称 L-M 方法)。

非线性迭代反演包括：单一电阻率测井仪的迭代反演算法和两种仪器联合反演算法。两种算法均采用上述 L-M 算法来反演地层电阻率信息，区别在于两者反演的地层模型设置不同，且由于单一测井信息的片面性与反演的多解性，增加了测井反演、测井解释与评价的难度，而联合反演为解决这一问题提供了有效途径。联合反演是指利用不同物理机制的两种或两种以上测井数据进行地质模型参数反演。联合反演在本质上是通过增加特定探测目标的有效信息量(增加约束)，来达到更准确地反映地质目标体的目的。物性同源是联合反演增加该源有效信息量的基本条件。同一口井不同测井系列的随钻电阻率测井与电缆电阻率测井，针对相同原状地层具有相同的目标物性测量项目，使其联合反演成为可能。随钻测井与电缆测井由于时间的推移具有不同的泥浆侵入深度(侵入半径)及侵入带电阻率，且随钻测井仪器与电缆测井仪器两者间探测特性及各自不同测井曲线间的探测特性存在差异，因此随钻电缆测井联合反演较单一反演具有相当丰富的测井信息。

二、反演算法

(一)非线性反演算法

本书采用马奎特法。假定 y 为实际测量的测井曲线数据，f 为地层模型参数正演响应曲线，并且假定目标函数 $\varphi(\vec{x})$ 是平方和的形式：

$$\varphi(\vec{x}) = \sum_{k=1}^{m}[y_k - f_k(\vec{x})]^2 \tag{2-37}$$

式中：m 为测井曲线个数，f 为关于参量 $\vec{x}$ 的非线性函数，$\vec{x}$ 为待反演参数。

Gauss 提出了一种线性化方法，在 $\vec{x}^{(0)}$ 附近将 $f(\vec{x})$ 展开成 Taylor 级数，并略去 $\vec{\delta}_i$ 的二次项及以上的项，使得：

$$f_k(\vec{x}^{(0)} + \vec{\delta}) = f_k(\vec{x}^{(0)}) + \sum_{i=1}^{n}\frac{\partial(\vec{x})}{\partial x_i}\Big|_{\vec{x}=\vec{x}^{(0)}}\vec{\delta}_i \tag{2-38}$$

式中：n 为反演参数的个数。上式可简化为：

$$f(\vec{x}^{(0)} + \vec{\delta}) = f(\vec{x}^{(0)}) + p\vec{\delta} \tag{2-39}$$

式中：p 为雅可比(Jaccobi)矩阵。

$$p_{m \times n} = \begin{vmatrix} \dfrac{\partial f_1}{\partial x_1} & \cdots & \dfrac{\partial f_1}{\partial x_n} \\ \vdots & \ddots & \vdots \\ \dfrac{\partial f_m}{\partial x_1} & \cdots & \dfrac{\partial f_m}{\partial x_n} \end{vmatrix} \tag{2-40}$$

所以函数 φ 的线性近似表达式为

$$\varphi(\vec{x}^{(0)} + \vec{\delta}) = [\vec{y} - \vec{f}(\vec{x}^{(0)}) - p\vec{\delta}]^{\mathrm{T}} [\vec{y} - \vec{f}(\vec{x}^{(0)}) - p\vec{\delta}]$$
$$= [\vec{y} - \vec{f}(\vec{x}^{(0)})]^{\mathrm{T}} [\vec{y} - \vec{f}(\vec{x}^{(0)})] - 2[\vec{y} - \vec{f}(\vec{x}^{(0)})] p\vec{\delta} + \vec{\delta}^T p^T p\vec{\delta} \tag{2-41}$$

我们的目的是要求出使 φ 达到极小的改正量 $\vec{\delta}$，因此 $\vec{\delta}$ 应满足下列条件：

$$\frac{\partial \varphi}{\partial \vec{\delta}} = -2P^T [\vec{y} - \vec{f}(\vec{x}^{(0)})] + 2P^T P\vec{\delta} = 0 \tag{2-42}$$

或改写成

$$A\vec{\delta} = \vec{g} \tag{2-43}$$

式中：$A = P^{\mathrm{T}} P$，$\vec{g} = P^{\mathrm{T}} [\vec{y} - \vec{f}(\vec{x}^{(0)})]$

由此可以解出：

$$\vec{\delta} = A^{-1}\vec{g} \tag{2-44}$$

加入阻尼因子 η 后，可防止出现局部最优解，提高解的收敛性：

$$\vec{\delta} = (A + \eta I)^{-1}\vec{g} \tag{2-45}$$

式中：I 为单位矩阵。

在实际问题中，当观察值已给出，选定模型并给定初值 $\vec{x}^{(0)}$ 后，P、A、$\vec{g}$ 均可求出，并由此可求出 $\vec{\delta}^{(0)}$，进而取：

$$\vec{x}^{(1)} = \vec{x}^{(0)} + \vec{\delta}^{(0)} \tag{2-46}$$

再以 $\vec{x}^{(1)}$ 作为初值重复计算求出 $\vec{\delta}^{(1)}$，直到 $\vec{\delta}^{(k)}$ 的分量的绝对值之和 $\sum |\vec{\delta}^{(k)}|$ 小于事先给定的允许误差 ε 为止。对于非线性问题，之所以要反复迭代和修正，关键在于所取的 Taylor 展开式是近似的，因而求出的 $\vec{x}$ 也是近似的，其近似程度依赖于 $|\delta_i^{(k)}|$ 的大小。若 $|\delta_i|$ 较大，则 $|\delta_i|$ 的二次项及以上的项不能忽略，而逐次迭代所得的 $\vec{x}$ 将逐次逼近于真值。当 $|\delta_i^{(k)}|$ 逐步减小到二次项可以忽略时，式（2-41）便成为精确表达式。当然，如果迭代过程中二次项及以上项的系数偏导数皆为零，也就是线性情况，这时，不论 $\delta_1^{(k)}$ 有多大，式（2-41）总是精确的。所以当 $f_k(\vec{x})$ 为线性函数时，不用反复迭代逐次减小 δ，但对于非线性问题，则需要进行多次迭代。

（二）联合反演算法

随钻电缆联合反演以阻尼最小二乘法为基础，将随钻与电缆测井响应、随钻与电缆测井时刻、地层模型参数等有机统一起来进行联合反演。将式(2-37)重新写成式(2-47)的形式。

$$\varphi(\vec{x}) = \sum_{k=1}^{m} \left[y_k - f_k(\vec{x}) \right]^2 \tag{2-47}$$

在随钻电缆联合反演中,待反演参数 $\vec{x}$ 包括随钻侵入带半径 R_{il}、随钻侵入带电阻率 R_{xol}、电缆侵入带半径 R_{ih}、电缆侵入带电阻率 R_{xoh}、地层电阻率 R_t 共 5 组地层模型参数。下面以随钻和阵列侧向联合反演为例进行说明,随钻 ARC 测井与阵列侧向 HRLA 测井联合反演时,m $=10$,$y_k(k=1,2,\cdots,10)$ 分别表示随钻测井曲线 P16H～P40H、阵列侧向测井曲线 RLA1～RLA5 共 10 条实测电阻率曲线,$f_k(k=1,2,\cdots,10)$ 则表示分别由随钻与阵列侧向正演模拟程序计算所得的相应的 10 条视电阻率曲线。

值得注意的是,测井曲线自动分层和深度对齐对于联合反演至关重要。由于随钻测井仪器 ARC 分辨率相对于高分辨率阵列侧向测井仪器 HRLA 的分辨率较低,项目选取阵列侧向电阻率测井曲线结合自然伽马等泥质指示测井曲线进行分层,将分层结果作为反演所需的层界面深度,若实际随钻与电缆测井资料存在深度差异,则必须进行深度对齐,将两次测井数据对应到相应的地层上,才能进行联合反演。

在实际测井资料联合反演中,为改善收敛性、提高收敛速度,可在计算程序中对地层模型参数添加合理的工程化约束,以使迭代过程在合理的可行域范围内寻找最优解。本项目中对联合反演地层模型参数所作的工程化约束有:侵入半径不小于井眼半径、随钻侵入深度不大于电缆侵入深度、侵入带电阻率不大于地层真电阻率(针对钻井液低侵情况)。

三、反演算法的实现

（一）非线性反演程序设计

以阵列侧向电阻率测井仪迭代反演算法为例进行说明,反演流程如图 2-36 所示。

(1)导入阵列侧向电阻率测井曲线。

(2)对实测曲线进行自动分层处理,并要进行适当的人工干预。

(3)根据测井曲线分离程度定性判断泥浆侵入深度,给初始地层模型参数赋反演初始值。

(4)调用阵列侧向正演程序,计算设置的地层模型下仪器的测井响应值。

(5)判断计算出的响应值是否充分逼近实测数据,若是,则输出该模型值作为反演结果;若否,则计算模型改变量,重置地层模型参数。

(6)重复步骤(4)(5),直至输出反演结果。

（二）联合反演程序设计

以随钻和电缆(阵列侧向)电阻率测井联合反演为例(图 2-37),流程如下。

(1)将随钻与电缆测井数据进行深度对齐(实际的随钻与电缆测井数据往往存在深度上的差异),读入随钻与电缆测井数据文件,加载随钻与电缆测井数据。

(2)导入测井曲线自动分层结果文件,进行必要人工干预,定义层界面位置。

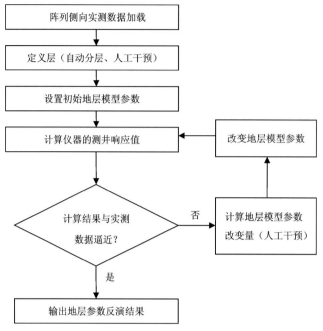

图 2-36　阵列侧向迭代反演流程图

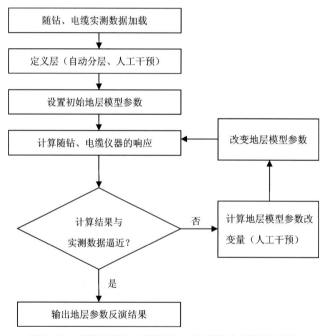

图 2-37　随钻测井与电缆测井电阻率联合反演流程图

（3）参考测井数据二维快速反演结果及根据测井数据的定性判断，给联合反演初始地层模型参数赋初值。

（4）分别调用随钻、电缆正演程序，计算设置的地层模型下的随钻、电缆仪器响应。

（5）判断计算出的响应值是否充分逼近实测数据，若是，则输出该模型值作为反演结果；

若否,则计算模型改变量,重置地层模型参数,重复步骤(4)(5),直至输出反演结果。

反演地层模型参数包括相应测井时刻的泥浆侵入深度、侵入带电阻率和地层真电阻率。迭代过程中构造地层模型响应数据与实测数据差值的平方和为目标函数,采用阻尼最小二乘法,迭代计算地层模型参数的改变量以使响应值逐步逼近实测值,直至满足给定的迭代收敛条件。

第四节　泥浆动态侵入模拟与电阻率反演对比验证

通过对西湖凹陷 5 口井中的典型油藏井段泥浆动态侵入模拟结果和电阻率反演结果进行对比验证,定量计算了两者所得侵入深度的相对误差。泥浆动态侵入模拟的部分参数如表2-11 所示,其中空白处根据不同的井段设置不同的参数。

表 2-11　泥浆动态侵入参数表

参数	单位	数值
泥饼渗透率	$\times 10^{-3} \mu m^2$	0.03
泥饼孔隙度		0.3
泥浆固相含量		0.06
泥饼最大厚度	cm	1.0
泥饼可压缩性指数 v		0.40
泥饼指数项因子 d		0.1
钻井液滤液黏度	cP	
气黏度	cP	
地层压力	psi	5300
钻井液静压	psi	6800
地层渗透率	$\times 10^{-3} \mu m^2$	
地层孔隙度		
地层水饱和度		
井眼直径	in	
地层外边界	cm	165
钻井液滤液矿化度	$\times 10^{-6}$	
地层水矿化度	$\times 10^{-6}$	

其中,B-1 井对比层位及具体参数如表 2-12 所示。

表 2-12　B-1 井对比层位及参数表

模拟层位编号		H4-79	H4-84	H3-62	H3-49
深度/m		4 002.1～4 006.5	4 024.6～4 027.5	3 746.9～3 755.5	3 595.4～3 600.1
井眼半径/m		0.155 575			
电缆测井延迟时间/h		79.34	72.56	304.16	389.38
孔隙度/%		7.7	6.7	9.4	12.8
渗透率/×10⁻³μm²		0.46	0.26	1.44	2.93
含水饱和度/%		62.3	50.4	24.4	74.3
电缆	电缆 RI/m	0.317	0.395	0.652	0.396
	电缆 RXO/Ω·m	3.841	3.081	1.420	2.408
	RT/Ω·m	15.486	27.422	78.258	8.312
电缆测井时刻动态 侵入模拟 RI/m		0.28	0.36	0.61	0.39
电缆误差/%		12.4	9.3	6.7	1.6

注:RI 为侵入半径,RXO 为冲洗带电阻率,RT 为原状地层电阻率。

泥浆动态侵入模拟所得侵入半径定义如下:

$$泥浆动态侵入模拟 RI = \frac{最大侵入半径+最小侵入半径}{2} \quad (2-48)$$

误差计算公式为:

$$相对误差(\%) = \frac{|迭代反演 RI-泥浆动态侵入模拟 RI|}{0.5 \times (迭代反演 RI+泥浆动态侵入模拟 RI)} \times 100\% \quad (2-49)$$

以 H4_79 层位为例,电阻率迭代反演和泥浆动态侵入模拟所得电阻率剖面的对比结果如图 2-38 所示(其中红色实线为相应时刻泥浆动态侵入模拟结果,黑色虚线为电阻率迭代反演结果)。

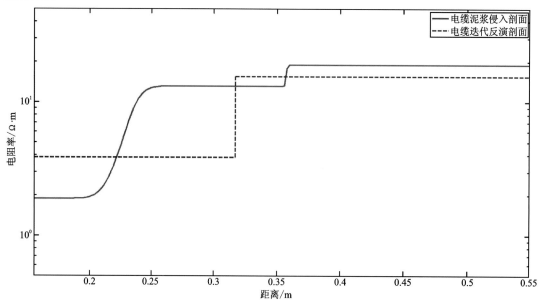

图 2-38　B-1 井 H4_79 层位电阻率迭代反演与泥浆动态侵入模拟电阻率剖面对比图

第三章　低孔低渗储层岩性识别

高精度的岩性剖面不仅是区域地层划分对比和沉积微相研究的重要基础，也是储层评价和储量计算的可靠保证。要建立这样的岩性剖面，利用钻井取心是一个选择，但钻井取心所需费用高昂，同时长井段连续取心所需时间也较长；利用成像测井可以得到高分辨率、清晰的图像，与取心资料标定后可准确地识别砂砾岩、泥砾岩、砂岩、泥岩等岩性，还能准确识别砂岩中的泥质夹层或钙质薄层等。

在微电阻率扫描成像测井图像上，较暗部分表示电阻率较低，较亮部分表示电阻率较高。在砂泥岩地层中，一般泥岩电阻率较低，表现为暗色，砂岩电阻率较高，表现为亮色。对于砾岩，由于砾岩一般表现为高阻特征，而胶结物和充填物为低阻，所以在成像图上为不规则的高阻与不规则的低阻特征相混杂，成像资料可反映砾石的粒度、分选、磨圆情况及砾石的排列规律，进而可推断沉积特征。

根据高分辨率成像测井结合常规测井、录井和钻井取心资料可以非常准确地识别各种岩性，如泥岩、煤层、砂岩、含砾砂岩、砂砾岩等，同时还可以识别火山碎屑岩、碳酸盐岩、侵入岩和喷出岩等。某区成像测井目的层为碎屑岩沉积，识别的岩性主要有砂砾岩、含砾砂岩、泥砾岩、粗砂岩、细砂岩、钙质砂岩、粉砂岩、泥岩等（图3-1）。

砂砾岩和砾岩：砾岩一般碎屑粗大，其中粒径大于 2mm 的陆源碎屑含量超过 50％，其余是充填物和胶结物；而在砂砾岩中粒径大于 2mm 的陆源碎屑含量一般在 25％～50％，含较多粒度较小的砂级成分。根据砾石颗粒的大小可将砾岩分成细砾岩、中砾岩、粗砾岩和巨砾岩等。砾岩和砂砾岩在图像上的显示特征最为显著。成像测井的纵向和横向（绕井壁方向）分辨率均为 5mm，在成像图上能够识别砂砾岩中直径大于 5mm 砾石的粒度和形状。在成像测井图上砾石一般显示高阻特征，常表现为亮色的斑点或斑块状，而充填物和胶结物多显示低阻特征，因此砾石与其周围的充填物和胶结物等介质在颜色上差别明显，砾岩或砂砾岩在图像上呈现为不规则的高阻亮色特征与不规则的低阻暗色特征相混杂。砾石在成像图上的形状视其磨圆度而定，磨圆较好的砾石呈圆形或卵圆形斑状，磨圆较差的砾石则呈不规则棱角状。斑块的大小近似地反映了砾石的粒径，亮斑之间的暗色显示为粒间充填的基质。在研究区砾岩少见，砂砾岩相对较常见，砾岩、砂砾岩中的砾石粒级一般为细砾—中砾级。在沉积构造上，研究区多数砂砾岩呈块状构造或呈递变层理特征，交错层理、平行层理基本不发育，砂砾岩层面往往极难分辨，甚至需要借助与其互层的其他岩类才能确定。研究区砂砾岩是能量较强的水流作用产物，其中的粗砾石具有定向排列特征，杂基含量较多，呈块状特征，非均质性较强。砂砾岩分选相对差—中等，砾石呈次棱角状—次圆状。砂砾岩和砾岩主要发育于（水下）分流河道微相底部，常表现为厚度很大的块状沉积，厚度可达 4m。对于粒径小于

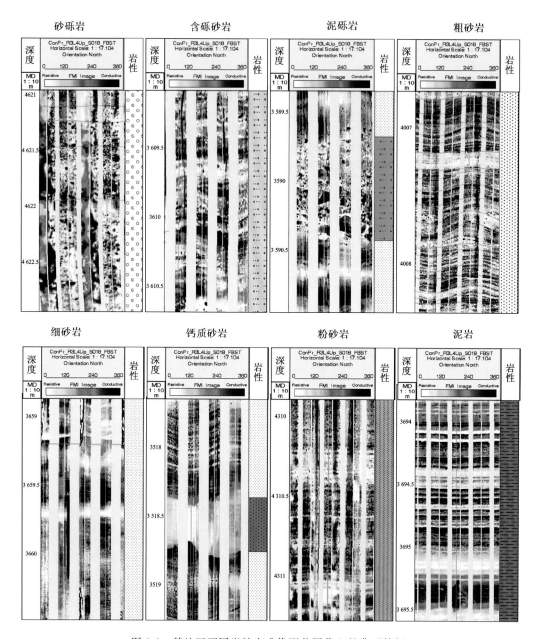

图 3-1 某地区不同岩性在成像测井图像上的典型特征

5mm 的砾石颗粒在成像测井图(FMI)上由于分辨率限制不能清晰地分辨出颗粒的形状、圆度等特征,但对于该类细砾岩或砂砾岩在成像测井图上仍能看到一些不同于细砂岩的特征,该类细砾岩或砂砾岩在成像测井图上常显示为浅色—白色的微小点状特征,所以分选好、粒度均匀的细砾岩或砂砾岩(砾石粒径小于5mm)多呈黄色—亮色的蜂巢状特征。在常规测井曲线上,砂砾岩特征与砂岩特征相似,一般表现为自然伽马(GR)较低、电阻率值较高、中子密度交会显示泥质含量较少、声波时差值较小、自然电位值较低的特征,因此仅通过常规曲线上的特征难以区分砂砾岩和砂岩,须借助成像测井的高分辨率才能准确识别砂砾岩(图 3-2)。

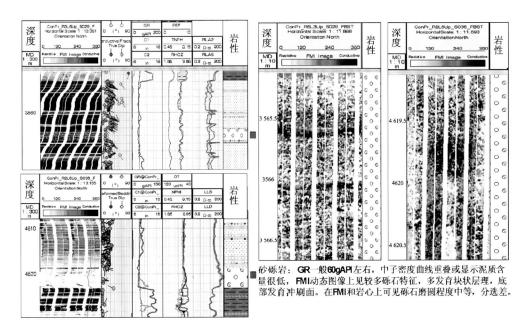

砂砾岩：GR一般60gAPI左右，中子密度曲线重叠或显示泥质含量很低，FMI动态图像上见较多砾石特征，多发育块状层理，底部发育冲刷面。在FMI和岩心上可见砾石磨圆程度中等，分选差。

图 3-2 某地区砂砾岩特征

泥砾岩：泥砾岩在成像测井图上的特征与砂砾岩类似，所不同的是泥砾岩在成像测井图上一般显示低阻特征，在成像测井动态图像上可见明显的不规则的暗色斑点或斑块状，其周围的充填物和胶结物等介质在颜色上呈相对亮色特征，分选差，泥砾与砂质混杂堆积，发育块状层理、递变层理（图 3-3）；有的泥砾岩呈棱角状，磨圆程度差，表明泥砾岩搬运距离近，为相对近源快速堆积形成。在常规测井曲线上，泥砾岩 GR 一般相对稍高，多高于 80gAPI，中子密度曲线交会显示泥质含量相对砂砾岩高。

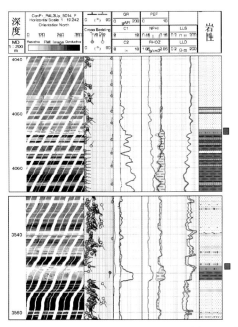

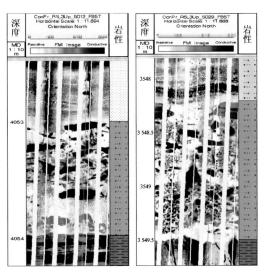

泥砾岩：GR 一般高于80gAPI，中子密度曲线显示泥质含量很高，FMI动态图像上见砾石颗粒明显，砾石显暗色特征，发育块状层理或递变层理。

图 3-3 某地区泥砾岩特征

含砾砂岩：含砾砂岩的砾石含量较砂砾岩少，砾石含量一般小于 25%，主要为砂级成分，在成像测井动态图像上能见到少量不清晰的呈亮色的斑点或斑块状特征，亮色的斑点或斑块为砾石级颗粒，但含砾砂岩的砾石含量很少（图 3-4）。对于粒径小于 5mm 的砾石颗粒在成像图上不能分辨出颗粒的形状、圆度等特征，该类细砾在成像测井图上显示为浅色—白色的微小点状特征。含砾砂岩常发育块状层理、平行层理、交错层理，底部可见冲刷面。之所以将含砾砂岩单独划分出来，是因为考虑到含砾砂岩沉积时的水流能量比粗砂岩或细砂岩要强，同时含砾砂岩的分选较砂砾岩类好，容易成为物性好的储层。在常规测井曲线上，含砾砂岩特征与砂岩特征相似，GR 一般在 60gAPI 左右，中子密度曲线交会显示泥质含量一般较低。

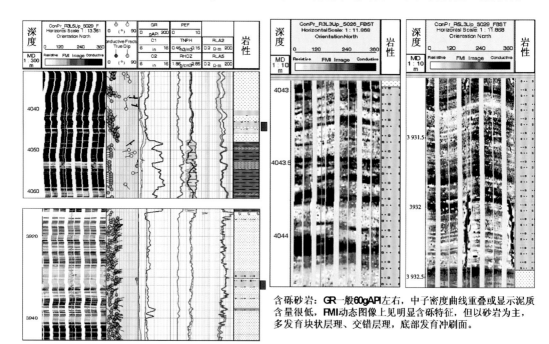

含砾砂岩：**GR一般60gAPI**左右，中子密度曲线重叠或显示泥质含量很低，**FMI**动态图像上见明显含砾特征，但以砂岩为主，多发育块状层理、交错层理，底部发育冲刷面。

图 3-4　某地区含砾砂岩特征

砂岩：砂岩是石英、长石等碎屑成分占 50% 以上的陆源碎屑岩。在结构组分上，砂岩是由碎屑、杂基和胶结物三部分组成，其中碎屑组分超过 50%，碎屑粒径为 0.1~2mm。砂岩按其碎屑成分可划分为石英砂岩、长石砂岩和岩屑砂岩 3 类。砂岩按粒度可分成极粗砂岩、粗砂岩、中砂岩、细砂岩。在研究区花港组中，砂岩非常发育。组成砂岩的碎屑成分主要为石英碎屑，其次为长石碎屑。砂岩胶结类型主要为泥质胶结，也可见钙质或硅质胶结。杂基成分主要为与碎屑同时沉积的、颗粒更细的黏土或粉砂物质。杂基或胶结物的含量直接影响砂岩的储集性能。在砂泥岩剖面的成像测井图像中，砂岩常显示为浅色或略比泥岩浅的颜色，有时显示为白色微小的点状特征。胶结物不同，砂岩在图像上显示的颜色深浅不同，硅质和钙质胶结的砂岩电阻率较高，图像上的颜色为高阻的亮色。砂岩中常发育交错层理、块状层理，也可见平行层理和少量波状层理。交错层理发育的砂岩在成像测井图像上表现为正弦波状，角度较高，互相平行的一组或多组纹层，且纹层厚度较薄，而层系界面角度较小，纹层与界面相切割;块状层理发育的砂岩在成像测井图上表现为层内颜色相对较均一,无明显的颜色变化面(即纹层面)或图像颜色发生递变特征;平行层理砂岩在成像测井动态图像上可见明暗相间的角度相对低且互相平行的纹层。在常规测井曲线上砂岩自然伽马值一般低于60gAPI,中子密度曲线交会重叠或显示泥质含量很低。在研究区,主要根据成像测井图像特征并结合录井、取心资料将砂岩分为粗砂岩和细砂岩两类。粗砂岩和细砂岩在常规曲线上特征相差不大。在成像测井动态图像上可见粗砂岩图像不光滑、有颗粒感,但颗粒粒度较小且不清晰,颗粒多呈均匀分布特征;常发育大型交错层理、块状层理、平行层理等沉积构造,层理特征在图像上比较清晰。细砂岩在成像测井动态图像上一般较光滑,常发育交错层理、低角度层理或块状构造,有时因有高导矿物分布而略有颗粒感,但高导矿物显暗色特征,与砾石特征明显不同(图 3-5)。

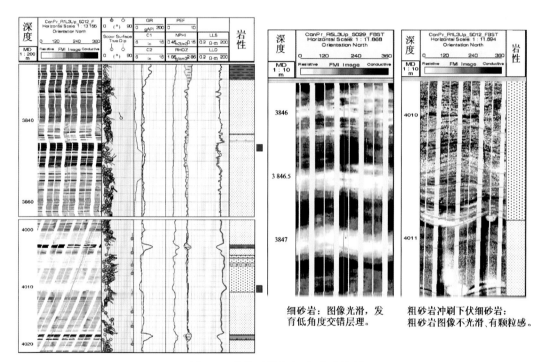

图 3-5 某地区粗砂岩、细砂岩特征

钙质砂岩:成像测井动静态图像上均呈高阻亮色特征,动态图像上可见多发育块状构造(图 3-6),有时也可见交错层理发育特征,常规曲线上 GR 一般低于 60gAPI,中子密度交会显示泥质含量很低,电阻率非常高,密度较高,ECS 矿物剖面上显示钙质成分较高。

粉砂岩:在成像测井成像上,由于粉砂岩颗粒较细,显示的浅色特征更微细,成像测井动态图像上多为块状构造、水平层理、波状层理,有时可见交错层理(图 3-7)。GR 比砂岩高,一般在 60~100gAPI,中子密度曲线交会显示泥质含量相对砂岩高。

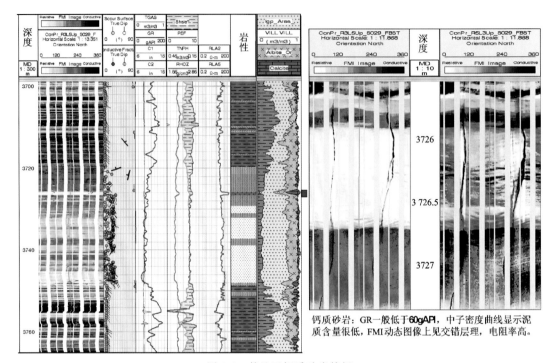

钙质砂岩：GR一般低于60gAPI，中子密度曲线显示泥质含量很低，FMI动态图像上见交错层理，电阻率高。

图 3-6　某地区钙质砂岩特征

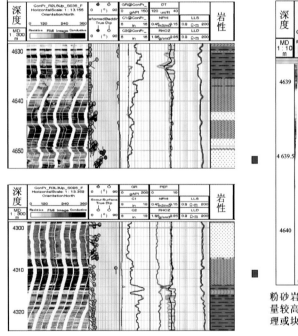

粉砂岩：GR在70～100gAPI，中了密度曲线变会显示泥质含量较高，FMI动态图像上多为条带状构造、水平层理、波状层理或块状构造。

图 3-7　某地区粉砂岩特征

泥岩:泥岩主要由黏土矿物组成,其粒度组分大都很细小,黏土矿物的粒径小于0.005mm,甚至在0.001mm以下。大部分泥岩是重要的生油母岩,同时也可作为良好盖层。研究区泥岩中最常见的构造是水平层理、块状层理、波状层理,有时还可见植物根痕等。在砂泥岩地层中,因为泥岩中黏土具有较高的阳离子交换能力,呈高电导特征,所以泥岩的电阻率一般很低,在成像测井成像测井上显示为暗色特征(图3-8),一般颜色较均一,有时与粉细砂岩组成亮暗相间的条带状互层。在常规测井曲线上泥岩一般具有高自然伽马值,中子密度曲线交会显示泥质含量很高等特性。

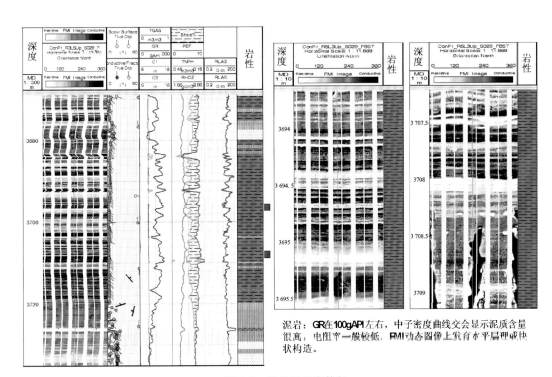

泥岩:GR在100gAPI左右,中子密度曲线交会显示泥质含量很高,电阻率一般较低,FMI动态图像上发育水平层理或块状构造。

图 3-8   某地区泥岩特征

图 3-9 展示了西湖凹陷某井成像测井测量井段总体岩性识别结果。该测量段地层主要为始新统花港组 H3～H4 地层。成像测井测量 H4 底部为深灰色泥岩;向上为大套浅灰色细砂岩夹含砾砂岩、砂砾岩、泥岩;再向上为灰色泥岩夹泥质粉砂岩、粉砂岩;顶部为浅灰色细砂岩与粉砂岩。H3 下部为灰色泥岩夹细砂岩、粉砂岩、泥质粉砂岩;H3 上部以浅灰色细砂岩为主,夹含砾砂岩、含泥砾砂岩、砂砾岩、泥岩。

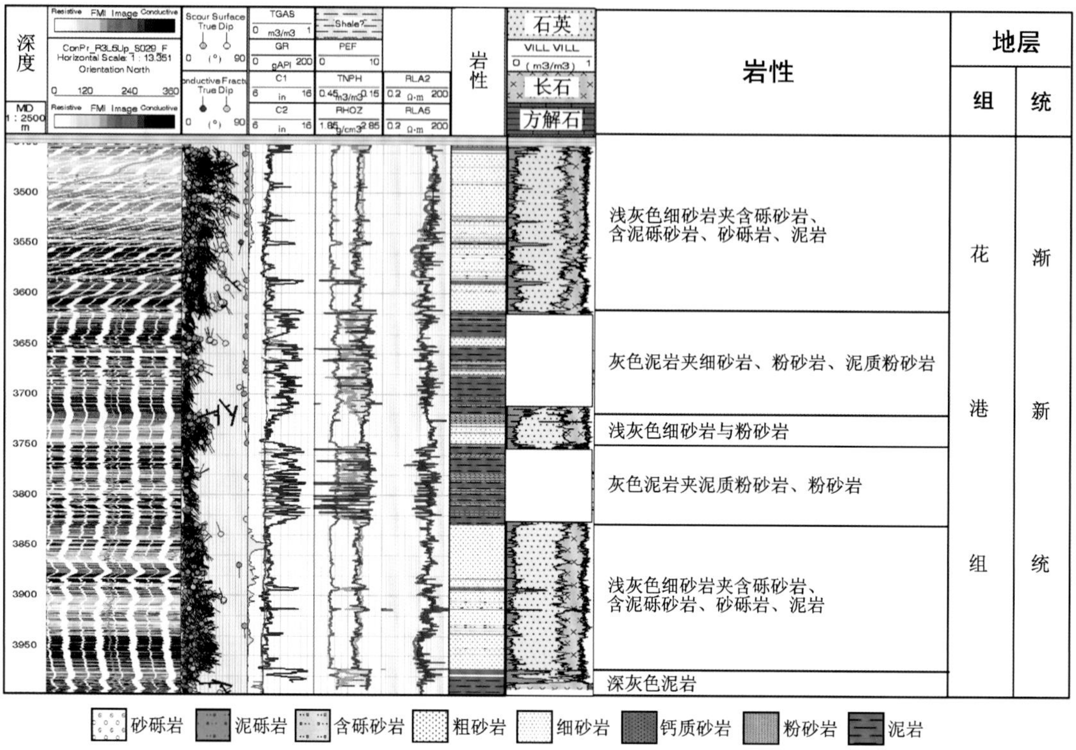

图 3-9 西湖凹陷某井成像测井井段地层岩性识别结果

第四章　低孔低渗储层流体性质测录井综合识别技术

第一节　低孔低渗储层流体性质录井识别技术

气测录井是钻井过程中获取的第一手资料,对于勘探开发研究有至关重要的作用,其参数主要有气测全烃检测值(Tg)、甲烷(C_1)、乙烷(C_2)、丙烷(C_3)、正丁烷(nC_4)、异丁烷(iC_4)、正戊烷(nC_5)、异戊烷(iC_5)及相关的钻井参数。受钻井环境的影响,如钻时(Rop)、排量(Flow)、井径(D)等,会导致气测录井曲线失真,一般会采用一定的校正方法,使得气测录井曲线更有效地识别油气层。本次研究设定了基准钻井条件,分别求取气测录井各参数的校正系数,而后进行气测录井校正,此方法经过多年的使用验证,效果良好。

传统的解释方法主要包括三角形图版解释法、皮克斯勒图版法、轻烃值解释法(3H法),东海地区储层流体性质复杂,主要有油层、凝析气层、湿气层、干气层、致密层、水层、气水层等,传统方法难以做到精细解释,本章主要介绍气测异常倍率法解释技术、随钻测-录井联合流体性质识别技术两项识别新技术,以及改进的气测组分法识别技术,使用以上三类解释技术,可有效解释凝析气层、湿气层、气层、致密层、水层、气水层,实际应用效果良好。

一、气测录井环境校正技术

气测录井参数均是直接检测钻井液获取的,故而钻井条件对其影响是非常严重的。研究显示,气测录井主要受钻头直径、钻时、钻井液排量、钻井取心的影响,并同时受钻井液性能、脱气仪器进液量、接单根等的影响,在一个研究区内,部分参数可以是相同的,需要校正的参数主要包括钻时、排量、井径和取心。

(一) 气测录井影响因素

气测录井的影响因素很多,概括起来主要影响因素分为地质因素和非地质因素两大类。油、气性质在气测录井中主要反映在气油比上,气油比越高,含气量越高,钻井液中的气测异常也就越明显。一般情况下,油、气性质和储集层性质是决定气测录井烃类组分变化的主要因素,储集层的基本性质主要体现在孔隙性、渗透性和油气水饱和度3个方面。井筒压差的影响主要是当地层压力大于井筒压力,储层的烃类会在压力的作用下进入钻井液,从而导致气测异常。气测录井的非地质因素主要有钻头直径、钻井速度、钻井液排量、钻井取心、钻时变化接单根、后效气、钻井液性能、脱气器进液量、钻井液处理剂等(杜武军,2013),因此,往往需要进行气测录井资料的校正。

当钻井液柱产生压力低于地层压力时,在压差的作用下,地层中的油气易进入到钻井液中,使气测录井异常显示值增高。或者说,当地层压力远大于井筒压力时,压差作用造成油气进入钻井液的量要远大于钻井破碎气,使得气测曲线变形。

在相同的地质条件下,若钻井液密度适中,钻井液柱产生的压力大于等于地层压力时,地层中天然气不会在压差的作用下进入钻井液,但地层中天然气的扩散作用仍存在,仍会有少量的天然气溶解进入钻井液,扩散作用产生的气测全烃值(Tg),一般可以认为是气测基值。

正常钻井条件下,气测所测得的气体主要来自井眼的破碎气。破碎气的含量与单位时间内所破碎的岩石量有关,它主要受钻头大小、钻时及钻井液排量影响。杜武军(2013)引入了冲淡系数,其物理意义是单位时间内钻井液排量与单位时间内破碎岩石体积之比,在钻井条件相似的情况下,它是钻时的函数。

对于取心段,取心钻进时钻头破碎地层的岩屑较少,钻时较大,机械钻速较小,使单位体积的钻井液中含有的岩石破碎气较少,气测显示值较低,因而冲淡系数需要根据取心钻头尺寸进行调整(曹凤俊,2008)。

综合来看,地层条件对气测录井的影响是需要考虑的,气测检测条件在研究区内是相同的,需要校正的是受钻井条件影响的参数,主要有钻时、排量、井径、取心,并需要通过气测基值校正。

(二)气测校正目的与原理

气测校正主要目的是消除或降低不同钻井条件对气测参数的影响,使气测曲线反映地层流体的真实情况,便于地质工作者进行流体性质解释,避免解释漏层。

根据气测曲线异常的产生原理,将校正划分为基值校正和钻井环境校正。气测基值主要受地层中的烃气扩散、钻井液残余烃气的影响。地层中的烃气在扩散作用下缓慢地溶解到钻井液中,使得钻进到非储层段时,已钻穿的储层中烃气仍有少量进入到钻井液中,气测检测值随之偏高,在一段时间内同一地层向钻井液扩散的烃气含量基本稳定,则可以根据非储层段的气测显示规律评价其影响。钻井液残余烃气含量在相近钻井条件下基本一致,仍可以根据非储层段曲线特征将其推算。经过分析可以看出,由于烃气扩散,或钻井液残留引起的气测基值,在一定条件下比较稳定,故气测基值校正一般通过代数运算即可达到比较理想的效果。

钻井环境一般指与钻井过程相关的钻头尺寸、钻井液性能、钻进速度、取心等条件,钻井环境校正主要是对其进行参数缩放,以达到基准钻井条件下的气测曲线。

井径校正,即对不同钻头尺寸进行校正。钻头尺寸随着深度的增加而减小,研究区目的层(3000~4500m)主要使用的钻头外径尺寸为8.5in(215.9mm),部分3000~3500m的井段仍使用12.25in(311.15mm)井径,不同钻头钻进相同的距离,其破碎的岩石体积不同,那么岩石破碎产生的烃气也不同,大尺寸钻头使得气测检测值偏高,校正成基准井径条件需收缩气测检测值。一般认为气测检测值与钻井液烃气含量成正比,而钻井液的烃气含量与钻头破碎岩石释放出的烃气成正比,同时也与钻碎岩石体积成正比,钻碎岩石体积与钻头尺寸呈幂指数关系,则气测检测值与钻头尺寸呈幂指数关系(即与井径的二次方呈正比)。因此,大尺寸钻头需将气测检测值收缩成标准井径的气测值。

钻时校正,即对目的层不同钻时条件进行基准条件校正。研究区目的层的主要钻时为 5min/m,此钻时为基准井径(215.9mm)条件下的平均钻时,体现了岩石的可钻性能与钻井条件的综合结果。钻时大,钻进速度慢,钻头破碎的岩石体积小,进入钻进液的烃气少,气测检测值也小,即钻时与气测检测值呈反比。钻时大,则需要放大成基准条件的气测检测值。

排量校正,即对流经钻头的钻井液流量进行校正。排量和钻头尺寸的关系非常密切,对照基准井径(215.9mm),目的层基准排量为 2500L/min。同等条件下,排量代表破碎岩石释放出烃气的稀释程度,排量大,烃气稀释强烈,单位钻井液的烃气含量少,排量与单位钻井液烃气含量呈反比,即排量与气测检测值呈反比。排量大,则需要求出放大系数,才可以校正成基准排量条件下的排量。

取心校正,主要应用于取心段,非取心段不需校正。取心实际上可看作取出岩心的那一部分没有破碎,即减少了一部分破碎气,需要求出一个放大系数,才能校正成基准条件下的气测检测值。取心钻头是空心钻头,外径为 8.5in(215.9mm),内径为 100mm,校正系数为钻头外径截面与钻头牙轮面积的比值。

(三)气测录井校正技术要点

本次研究使用的气测校正,主要使用选取基准井段为参考值的方法进行校正,目前选择的基准井段为:井径 8.5in(215.9mm)、未取心段、平均钻时、平均钻井液排量,据此对 Tg 值进行放大或缩小,并考虑气测基值、取心的破碎岩石体积变化等因素的影响。

1. 基值处理

由于钻遇的地层烃气扩散的影响,在非储层段的气测值偏高,导致后续的低幅度显示难以发现。直接使用气测全烃资料,不考虑基值这个因素,就会夸大气测资料的显示效果。扣除基值影响的气测全烃称为气测基值校正。基值校正系数(Tgc)计算公式为:

$$Tgc = Tg - Tg_{基值} \tag{4-1}$$

式中:Tg 为气测全烃值,%;$Tg_{基值}$ 为解释层气测基值,%。

2. 钻时校正

钻时是指钻头钻穿厚度 1m 的岩层所需的时间。钻进的机械钻速越快,单位时间和单位深度内破碎的岩屑越多,进入钻井液中的气越多,进而地面脱气器从钻井液中脱出的气体也越多,使得气体检测值越高。钻时的增加,使得单位厚度破碎的岩石体积所含的油气量被钻井液稀释得较严重,气测显示幅度值偏低。一般情况下,钻时低时气测显示的幅度值偏高,钻时高时气测显示的幅度值偏低。钻时校正系数(Ropc)计算公式为:

$$Ropc = Rop / Rop_{基准} \tag{4-2}$$

式中:Rop、$Rop_{基准}$ 分别为实际钻时和基准条件下的钻时,单位均为 min/m。

3. 井径校正

钻井平台操作也较为复杂，需要使用到很多不同类型的钻头。通常情况下，目的层正常钻进时的钻头直径为215.9mm，因此，把直径为215.9mm的钻头作为标准钻头（$D_{基准}$），在进行Tg校正时需要将不同类型的钻头直径统一校正成标准钻头直径。井径校正系数（Calc）计算公式为：

$$Calc = (D_{基准}/D)^2 \qquad (4-3)$$

式中：$D_{基准}$，D分别为标准钻头直径和钻穿分析层所用的钻头的直径，单位均为mm。

4. 排量校正

在钻井的过程中，钻井液通过不断循环将破碎的岩屑及其中的油气水带到地面。钻井液排量是对气测录井全烃值影响较大的一个因素。在钻头直径、机械钻速等一定的条件下，钻井液泵排量越大，单位体积钻井液所含的破碎气量就相对越少，使得气测显示值越低。排量校正系数（Flowc）计算公式为：

$$Flowc = Flow/Flow_{基准} \qquad (4-4)$$

其中，$Flow$、$Flow_{基准}$分别为钻井液实际排量和目的层钻井液平均排量，单位均为L/min。

5. 取心校正

钻井取心时，取心校正系数（Corec）公式如下：

$$Corec = D^2/(D^2 - d^2) \qquad (4-5)$$

式中：D，d分别为取心钻头的外直径和取心的直径，单位均为mm。通常情况下，取心时钻头的外径为215.9mm，岩心的直径为100mm。根据上述公式计算，取心段取心校正系数Corec为1.28，无取心段的取心校正系数Corec为1。

综上，经多次研究区的实际应用后总结的钻井环境因素综合校正公式如下：

$$Tg_{较正} = Tgc \times Ropc \times Calc \times Flowc \times Corec \qquad (4-6)$$

其中，Tgc、Ropc、Calc、Flowc、Corec分别由式（4-1）～式（4-6）求出，综合各参数，即可得到Tg校正值。气测录井校正方法总结见表4-1。

表4-1 气测录井校正方法

校正内容	校正方法
①基值处理	$Tgc = Tg - Tg_{基值}$（当前层产生的Tg增幅）
②钻时校正	$Ropc = Rop/Rop_{基准}$
③井径校正	$Calc = (D_{基准}/D)^2$
④排量校正	$Flowc = Flow/Flow_{基准}$
⑤取心校正	$Corec = 1.28$
校正公式	$Tg_{较正} = Tgc \times Ropc \times Calc \times Flowc \times Corec$

（四）气测录井校正使用条件

气测录井校正方法使用实例的主要研究区是东海盆地西湖凹陷,气测检测仪器主要是中法渤海地质服务有限公司的 reserval 录井系统,钻井主要是由中海油服的钻井船进行服务。狭义范围来看,以上提出的气测录井校正方法,要求地质条件与西湖凹陷比较接近,比如岩性、储层流体性质、埋深等条件相近。除此之外,还需要相近的钻井条件,比如相近的钻井液、相近的钻井程序等。气测检测仪器的影响极其重要,故而使用 reserval 录井系统的地区可以使用,其他录井检测设备的地区应谨慎使用。除了数据来源的条件外,如果气测曲线受强烈的渗滤气影响,则校正方法使用效果一般。正常钻井获取的气测曲线均可使用本方法进行校正。

对于气测异常幅度较大的情况,气测异常能有效判定含油气好坏、或者能有效区分砂泥岩互层特征,大段砂岩的气测显示较好,可以不用进行校正,使用原始气测检测值即可进行非常准确的解释。对于取心段,受换钻头、接单根、渗滤气影响,砂岩顶底板出现气测异常值偏低的情况,需要进行校正。校正后会将所有储层的气测显示值校准成标准条件下的参数,能有效分析砂岩的气测显示特征,经过大量的解释实践,校正后的气测解释符合率更高。

二、气测异常倍率法流体识别技术

异常倍率指的是解释层特征值与当前层气测基值的比值,其比值大小代表着解释层的烃气含量相对多少。解释层特征值选取,当气测曲线为箱形时,取曲线稳定的平均值;当气测曲线为饱满形、指形、三角形时,取气测曲线半幅点内的平均值;当气测曲线呈尖峰形时取气测最大值,气测基值为解释层围岩的气测最小值。气测基值相近的条件下,异常倍率大,则烃气含量高。气测异常倍率法流体识别技术需要气测录井参数（Tg、C_1、C_2、C_3、nC_4、iC_4、nC_5、iC_5）,结合研究区的地层测试数据,建立气测异常倍率图版便于应用。气测异常倍率法主要用于解释烃气层、致密层、水层、气水层,也可以解释气测基值极高的高压气层。

（一）传统气测录井解释方法简介

气测录井传统解释方法主要有三角形图版解释法、皮克斯勒图版解释法和轻烃值解释法。三角形图版的坐标值为 $C_2/\sum C$（$\sum C$ 为所有烃气总含量）、$C_3/\sum C$、$nC_4/\sum C$,绘制三角形,确定对应角连线的交会点,按照三角形的状态、大小和交会点的位置判断油气性质。用数据中的 $C_2/\sum C$ 做 $C_3/\sum C$ 的平行线、$C_3/\sum C$ 做 C_4（$C_4 = nC_4 + iC_4$）$/\sum C$ 的平行线、$C_4/\sum C$ 做 $C_2/\sum C$ 的平行线,构成一个内三角形,用三角形坐标系与内三角形的顶点对应相连,其连线交于一点。一般情况下,正三角形为气层特征,倒三角形为油层特征;交点落在价值区内,有生产价值;交点落在价值区外,无生产价值。

计算解释层的 C_1/C_2、C_1/C_3、C_1/C_4、C_1/C_5 四个比值,将其绘制在纵坐标为对数的图上,各点相连,构成皮克斯勒图版,根据其倾斜形状及落在的区域位置判别生产层和非生产层以及该层的油气性质。在解释图版上一般可分为油区、气区和两个非生产区。C_1/C_2 小于 2 或大于 45,一般情况下判断为非生产层;C_1/C_2 的值在油层的底部,而 C_1/C_4 的值在气层的顶部时,则可能为非生产层;C_1/C_3 与 C_1/C_4 的值基本接近或 C_1/C_4 小于 C_1/C_3 时,一般情况下判断为含水层或水层(李庆春,2008)。

轻烃值解释法主要是计算烃类的湿度比(Wh)、平衡比(Bh)和特征比(Ch),而后绘图并解释。其中,Wh=$(C_2+C_3+C_4+C_5)/\Sigma C$;Bh=$(C_1+C_2)/(C_3+C_4+C_5)$;Ch=$(C_4+C_5)/C_3$。Bh 大于 100,该层含有极干的干气;Wh 指示气相,Bh 大于 Wh,该层含气;Wh 指示油相,Bh 小于 Wh,该层含油;Wh 大于 40 且 Bh 比 Wh 小得多,干层含残余油。Ch 小于 0.5,用 Wh 和 Bh 解释含气是正确的;Ch 大于 0.5,用 Wh 和 Bh 解释的含气与油有关;只有在 Wh 和 Bh 解释为含气时,才能用 Ch 值做进一步说明。Wh 在 0.5～17.5 时为气,气体密度随 Wh 的增大而增大;Wh 为 17.5～40 时为油,油的密度随 Wh 的增大而增大。

传统的气测解释方法主要用于解释油层、气层、气水层、水层,研究区主要流体性质为凝析气层、湿气层、干气层、油层、致密层、水层、气水层,传统解释方法难以有效地解释研究区内的流体性质,需根据实际情况研发新的解释方法,以求达到较好解释效果。

(二)气测异常倍率法目的与原理

气测异常倍率法解释技术主要目的是用于区分烃气层、致密层、水层、气水层。根据地层测试结果,烃气层主要包括油层、凝析气层、湿气层、干气层,气测异常倍率法是为了完成流体性质大类划分而开发的技术。

气测异常倍率法主要依靠解释层的气测起伏幅度来判断油气层性质。一般情况下,油层、凝析气层、气层的气测起伏程度很高,反映地层流体中含烃较高、气测基值相近的情况下,此类地层的气测异常倍率很高。研究区的模块式一体化测试(MDT)结论有很多致密层,其地质特征为深度一般大于 4000m、储层致密、含少量烃气,传统的气测解释未能识别出此类储层,依据致密层含少量烃气、气测基值较低的特征,其气测异常倍率值比烃气层小,气测基值较低,据此可以识别出致密层。水层与气水层的烃气含量很少,则气测异常倍率很低,气测基值也很低,则气层与气水层也容易识别。

(三)气测异常倍率法技术要点

气测异常倍率解释法是主要依靠解释层的气测异常倍率及气测基值进行解释的技术,其核心是气测异常倍率图版,图版横坐标为气测异常倍率,即解释层气测特征值与气测基值的比值,反映解释层的烃气含量多少;纵坐标为气测基值,反映钻井是否遇到高压地层。其技术流程包括:①解释层特征值选取;②解释层基准值选取;③气测异常倍率图版数据库检查;④目的层数据投点及解释。

1.解释层特征值选取

气测油气层识别的第一步是解释层特征值选取方法的确定,因为气测录井响应曲线异常值的高低是气测录井判识油气层的主要依据之一,那么这些值的读取方式很大程度上决定了识别的准确程度。

前人选取气测检测值的特征值的方法是直接读取解释层的最大值,此选取方法对于识别油气水层有指导意义。本次研究使用梯度化油气显示特征方法,能有效地判断出气测显示好坏,当气测曲线为箱形时,取曲线稳定的平均值;当气测曲线为饱满形、指形、三角形时,取气测曲线半幅点内的平均值;当气测显示为尖峰形,取气测曲线最大值。具体的读值方法见表4-2,该方法不仅能凸显烃气层与非烃层之间的差异,同时能更好地表现出烃气层显示级别之间的差异。

表4-2 气测曲线识别标准表

Tg 曲线形态	Tg 曲线形态	读值方法
饱满形		取半幅点之间的平均值
箱形		取曲线稳定的平均值
指形		取半幅点之间的平均值
尖峰形		取最大值
三角形		取半幅点之间的平均值

2. 解释层基准值选取

解释层气测基准值一般选取方法是选取解释层上覆地层非储层段的气测最小值,本次研究所使用的气测基准数据,与通常认为的气测基值不同,气测基准值代表解释层对非储层段的影响,即解释层已被钻穿,下伏非储层段的气测受上部解释层的影响,取值一般是解释层下伏泥岩的气测最小值(图4-1)。

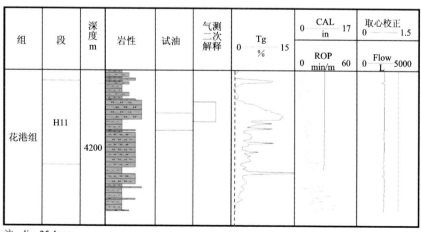

注:lin=25.4mm。

图4-1 气测基准值选取标准

3.气测异常倍率图版数据库检查

气测异常倍率图版数据库主要由经过钻杆地层测试(DST)及一体化模块式测试(MDT)校准的层的数据构成,且要求选取有代表性的解释层,厚度较大,一般要求地层厚度大于5m。

(1)有DST测试:使用DST测试结果作为解释层的解释结论。在此,要考虑测试工程是否存在压裂。本研究区主要为气层、凝析气层,压裂窜层及水侵的情况时有发生,故而压裂的层段测试结论仅作为参考,连续油管(自喷)的测试则是最终解释结论。

(2)有MDT泵抽取样:优先以泵抽取样数据(油气水比例)为准。泵抽取样过程首先通过反抽流体的电阻率、荧光光谱等手段判断是否将钻井液反抽完全,同时根据荧光光谱特征初步判断地层油气水特征,待钻井液反抽完全后进行取样。研究区一般使用斯伦贝谢公司的一体化模块式测试系统,可使用超大直径探针进行地层压力测试,也可按计划使用E-probe椭圆形探针进行测压、流体光谱分析及取样,取样瓶容积420mL,一次测试最多可以泵抽6个取样点。泵抽取样,不受钻井液反抽不完全的影响情况下,能真实反映地下流体情况,是地层流体的第一手资料,对于解释工作十分关键。泵抽结论一般为油层、凝析气层、气层、气水层、水层,其结论是可信的。

(3)仅有MDT测压数据时,通过测压数据可以获得地层压力梯度的层段作为标准层也十分可靠。MDT测压一般会在目的层以1~3m间隔连续测压,储层段的测压数据可以求取出地层流体的压力梯度,压力梯度一般可以反映地层流体密度,压力梯度小于0.5MPa/100m,即反映流体密度小于$0.5g/cm^3$,可解释成气层;储层压力梯度为0.5~0.85MPa/100m,反映储层流体密度为0.5~$0.85g/cm^3$,可解释为油层、油气层;储层压力梯度大于0.85MPa/100m,反映储层流体密度小于$0.85g/cm^3$,可解释成水层(图4-2)。

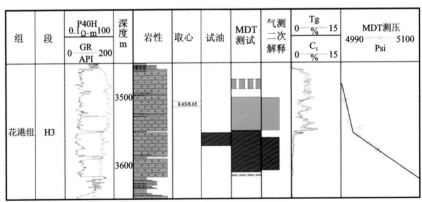

注:P40H为随钻电阻率,下同。

图4-2 MDT压力梯度与解释结论分析图

当MDT测压为致密点时,致密点比较密集出现(一般小于5m出现致密点),且绝大多数都是致密点,可以将储层解释为致密层(图4-3)。

将经过校准的解释层筛选出来,并将其参数计算出来,可以建立气测异常倍率解释图版,横坐标为气测异常倍率,纵坐标为气测基准值。经过筛选,研究区共有26口井有DST或

MDT 测试,经过测试校准的解释层一共有 86 层,据此建立的基础图版见图 4-4。

　气测异常倍率基础图版主要分为烃气层区、致密层区、气水层区、水层区 4 个区域,其中烃气层区还可以细分成干气层区(图版中的中北气层区)、凝析气层/湿气层区、高压气层区。干气层的气测异常倍率一般大于 15,气测基值一般小于 0.5%;湿气层/凝析气层气测异常倍率一般大于 8,气测基值一般 0.5%~2%;高压气层气测基值一般大于 10%;致密层气测异常倍率一般 2~10,气测基值一般小于 1%;气水层气测异常倍率一般小于 4,气测基值一般小于 0.5%;水层气测异常倍率一般小于 3,气测基值一般小于 1%。该解释技术能有效区分烃气层、致密层、气水层和水层。

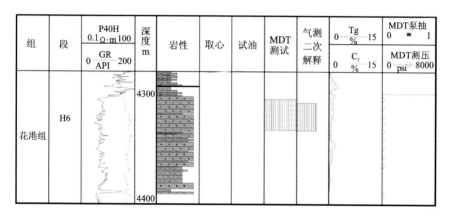

图 4-3　MDT 致密层分析图

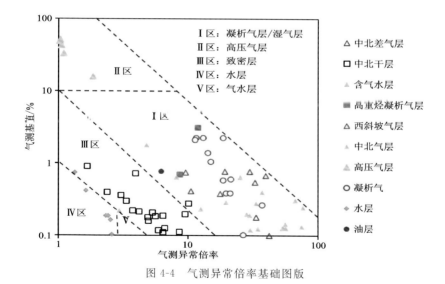

图 4-4　气测异常倍率基础图版

4. 目的层数据投点及解释

　需要解释的目的层参数的选取和计算需按照上述的选取方法和计算标准,选取层特征值、气测基准值,数据处理也必须按基础图版中的计算过程。将计算好的数据点投放到气测异常倍率解释基础图版中,观察其落点位置,结合气测曲线进行解释,给出合适的结论。

(四)气测异常倍率法使用条件

与气测录井校正的条件类似,要求地质条件、钻井条件、钻井液性质、气测录井检测设备等条件基本一致。除此之外,气测异常倍率解释法要求气测曲线完整、不出现特殊值,同时要求气测曲线进行过深度校准,能与岩屑录井、随钻测井、电缆测井的深度相匹配。

三、气测组分法流体识别技术

气测录井的核心数据就是气测全烃及各组分含量(Tg、C_1、C_2、C_3、nC_4、iC_4、nC_5、iC_5),气测全烃用于气测异常倍率解释,气测组分数据则可以进行组分解释。传统的解释方法(三角形图版解释法、皮克斯勒图版解释法、轻烃值解释法)也大量使用了气测组分数据。本次研究根据研究区流体性质特征,使用了适合本地区的参数,建立了气测组分法基础图版,其横坐标为甲烷/全烃(C_1/Tg),纵坐标为重烃/全烃(C_{2+}/Tg)($C_{2+} = C_2 + C_3 + nC_4 + iC_4 + nC_5 + iC_5$)。这一图版能有效识别干气层、湿气层、凝析气层、高含油凝析气层。将气测异常倍率解释法难以解释的烃气层用气测组分法进行进一步解释,可获得良好效果。两种解释方法联合使用,可以达到满意的解释成果。

(一)气测组分法解释目的及原理

气测组分解释法的主要目的是利用气测组分数据进行油气水性质划分,结合气测异常倍率解释以后的烃气层,可以完成储层的流体性质解释。

气测组分解释法是利用钻头钻碎岩石中释放的烃气组分信息来解释流体性质的方法。油层的重烃组分很高,破碎岩石释放出的烃气重烃组分也高,气测录井检测的重烃也高,即气测录井的组分数据直接反映地层中流体的气态烃含量特征。油层、含油气层的重烃组分最高,凝析气层、湿气层的重烃组分次之,干气层的重烃组分最低。但需要指出的是,气测录井的各组分数据占比与地层流体各组分占比是不同概念,气测录井的各组分数据是地层流体经过钻井液携带到井口进行录井检测的,其结果受到钻井液黏度、钻井液密度、钻井液中天然气溶解度、温度、钻穿地层的天然气扩散作用等综合作用的影响,仅代表解释层组分的一部分情况,不能将气测组分当做地层流体组分使用。地层中流体的组分特征需要直接从地层中取样(测试),送到实验室进行测定,方能作为可靠数据使用。

(二)气测组分法技术要点

气测组分法是依靠钻井过程中钻头破碎岩石释放出的天然气经钻井液携带到井口,并由气测录井检测仪器检测出的气测组分数据进行解释的技术。气测组分数据主要为甲烷(C_1)、乙烷(C_2)、丙烷(C_3)、正丁烷(nC_4)、异丁烷(iC_4)、正戊烷(nC_5)、异戊烷(iC_5),结合气测全烃数据(Tg),计算出甲烷/全烃(C_1/Tg)与重烃/全烃(C_{2+}/Tg),分别做横纵坐标即可建立气测组分基础图版,并进行后续的解释工作。气测组分法流体性质识别的主要流程包括:①解释层特征值选取与计算;②气测组分基础图版数据库检查;③气测倍率法初步解释;④气测组分法解释。

1. 解释层特征值选取与计算

解释层特征值选取与上节所述特征值选取方法相同,具体选取方法见表 4-2。

特征值选取以后,构建出不同次级参数体系,主要有传统解释方法使用的 $C_2/\sum C$、$C_3/\sum C$、$nC_4/\sum C$、C_1/C_2、C_1/C_3、C_1/C_4、C_1/C_5、$Wh=(C_2+C_3+C_4+C_5)/\sum C$、$Bh=(C_1+C_2)/(C_3+C_4+C_5)$、$Ch=(C_4+C_5)/C_3$ 等数据。由于传统方法在研究区使用效果一般,为了避免与传统方法使用相同参数体系,本次研究的气测组分解释法是结合气测异常倍率法进行的。综合来看,本次研究使用的参数体系为甲烷/全烃与重烃/全烃,即 C_1/Tg 与 C_{2+}/Tg,此方法用于判断烃气层的油气水性质有良好的使用效果。

2. 气测组分基础图版数据库检查

气测组分解释法所使用的基础图版,其要求与气测异常倍率图版一致,在此不重复叙述。气测组分数据库总共包含西湖凹陷中央构造带 11 口井 28 个测试校准的层数据,西部斜坡带 10 口井 23 个测试校准层数据,一共 51 层。

数据库建立以后,计算 C_1/Tg 与 C_{2+}/Tg,分别做横纵坐标,即可建立气测组分法解释基础图版(图 4-5)。

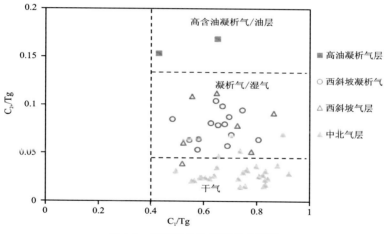

图 4-5 气测组分法解释基础图版

气层的重烃/总烃比值一般小于 0.05,在图版中是中北部地区的气层数据点,主要由于中北地区天然气为干气;高含油凝析气层、油层的重烃/总烃比值最高,一般大于 0.12;凝析气层、湿气层的重烃/总烃比值一般为 0.05~0.12,图版中数据点为西斜坡凝析气层、西斜坡地区气层,这是因为西斜坡地区气层为湿气层,且凝析气层绝大多数出现在西部斜坡带。不同储层流体性质的 C_1/Tg 基本一致,为 0.4~0.9,此数据用于反映是否出现气测全烃异常,假如出现气测全烃异常,比如高压气层,其数据一般小于 0.4,偏离出图版外,这些数据不可使用。

根据气测录井解释工作的实际情况,气测组分法解释一般不适合作为单独的解释技术。

本次研究的实际做法是：将解释层选择、层特征值、数据处理等完成以后，首先进行气测异常倍率解释，其解释结论主要有烃气层、致密层、气水层、水层，则还没能区分的数据就仅剩烃气层；再将烃气层的数据点进行气测组分法解释，即可划分出高含油凝析气层、油层、凝析气层、湿气层和气层。综合气测异常倍率法及气测组分法解释，可以比较精细地解释东海地区不同的流体性质，并达到了很好的应用效果。

（三）气测组分法使用条件

与气测录井校正、气测异常倍率法的使用条件类似，要求地质条件、钻井条件、钻井液性质、气测录井检测设备等条件基本一致。同时要求气测曲线完整、不出现特殊值，气测曲线进行过深度校准，能与岩屑录井、随钻测井、电缆测井的深度相匹配。除此以外，气测异常倍率解释不能出现 Tg 异常（如高压气层引起的 Tg 异常）。

四、随钻测-录井联合流体识别技术

随钻测-录井联合流体性质识别技术是依靠随钻测井数据中的电阻率数据（主要使用 P40H 数据），以及气测录井全烃（Tg）、各组分含量（C_1、C_2、C_3、nC_4、iC_4、nC_5、iC_5）进行解释的技术。其解释流程首先根据解释层选择、特征值选取原则将解释层的数据选取出来，再对随钻电阻率、Tg、C_1/C_{2+} 三端元采用标准值归一化，而后采用等权重分配的方法建立权重三角流体性质识别基础图版，即可进行目标层的解释。随钻测-录井联合流体识别技术可以识别出凝析气层、气层、低阻气层、致密层、水层、气水层等，更好地完成研究区的精细解释要求，解释结论与测试结论符合率大于 85%，解释效果良好。

（一）随钻测-录井联合流体识别目的及原理

东海地区油气层性质比较复杂，有油层、凝析气、气层、水层，也有低阻气层、高压气层、高阻水层等特殊层，仅使用气测录井数据或仅使用测井数据，难以准确判别流体性质，使用测录井联合识别的目的是进行复杂流体性质的解释与识别。

随钻测井主要包括电阻率和伽马数据，随钻测井参数可以避免钻井液侵入的影响，电阻率数据能真实反映地层情况，对于油气层的显示很灵敏，同时也能反映岩石物性。气测录井主要检测由钻井液携带的破碎岩石释放的烃气。气测录井检测值高，反映单位岩石的烃气含量高。气测全烃主要用于判断油气层好坏，而气测组分数据可以反映油气水特征，主要由于油层、凝析气层、湿气层、干气层、水层的天然气组分不同。综合来看，随钻测井反映是否为油气层或储层物性，气测总烃反映油气层丰度，气测组分反映油气水组分的特征，可以根据这三组参数进行测录井联合流体识别。

（二）随钻测-录井联合识别技术要点

随钻测-录井联合识别技术主要包含：解释层特征值求取，三端元数据归一化，三端元数据等权重分配，解释图版基础数据库，图版解释共 5 个步骤。

1. 解释层特征值选取

解释层主要选择气测显示较一致，电性特征稳定，没有明显夹层，且厚度较大的储层。解释层特征值选择主要原则见表 4-2。该方法不仅能凸显烃气层与非烃层之间的差异，同时能更好地表现出烃气层不同级别之间的差异。

2. 三端元数据归一化

由于测录井联合识别技术使用 Tg、随钻电阻率、C_1/C_{2+} 三类数据，其量纲不同，无法进行直接比较，故而本次研究使用标准值归一化方法进行处理。具体做法是分别选取 Tg 标准值、随钻电阻率标准值、C_1/C_{2+} 标准值，使用公式：

$$Tg_{归一} = (Tg - Tg_{min})/(Tg_{标准} - Tg_{min}) \tag{4-7}$$

式中：$Tg_{标准}$ 为选取的 Tg 标准值；Tg 为解释层 Tg 特征值；Tg_{min} 为当前井非含气储层的 Tg 特征值。同理，随钻电阻率归一化、C_1/C_{2+} 归一化与 Tg 归一化的公式相同，类似于公式(4-7)。

标准值选取本地区气层的 Tg、随钻电阻率、C_1/C_{2+} 的中位值，此选取方法避免了气测异常、电阻率异常等复杂情况，同时将整个地区综合考虑，有利于周边地区的拓展使用。

图 4-6 为 Tg 归一化所使用的标准值选取依据。将研究区主要的气层按其 Tg 大小排列，取其中位值。由图 4-6 所示，其中位值约为 7.8%，为了取值方便，本次研究将 Tg=8% 作为 Tg 归一化的标准值。

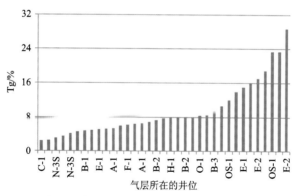

图 4-6　气测全烃(Tg)归一化的标准值选择

图 4-7 为随钻电阻率(P40H)归一化的标准值选择依据。将主要气层的随钻电阻率从小到大排列，将其中位值当做随钻电阻率归一化的标准值。图 4-7 的中位值约为 39Ω·m，取整为 40Ω·m，本次研究使用的随钻电阻率归一化的标准值为 40Ω·m。

图 4-8 为中央构造带北部 C_1/C_{2+} 归一化标准值选择依据。将中北带主要气层的 C_1/C_{2+} 从小到大排序，取其中位值。中北带 C_1/C_{2+} 中位值为 43，本次研究为了使得气测组分数据更能体现气层与非气层的区别，将 C_1/C_{2+} 归一化标准值取为 50，在实际使用过程中效果很好。

综上所述，本次研究采用标准值的方法进行归一，标准值选择为 Tg=8%，C_1/C_{2+}=50，P40H=40Ω·m。

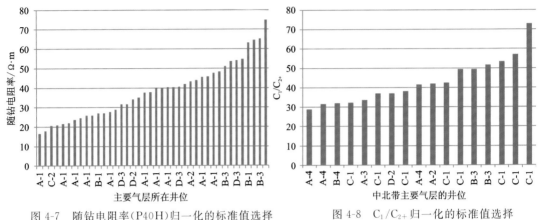

图 4-7 随钻电阻率(P40H)归一化的标准值选择   图 4-8 C_1/C_{2+} 归一化的标准值选择

3. 三端元等权重分配

经过实际的气测录井解释工作分析,认为电阻率、气测全烃、气测组分特征均能较为有效地进行油气层识别,实际工作中并未发现某项参数比其他参数有明显优势。故而,本次研究认为气测全烃(Tg)、随钻电阻率(P40H)、C_1/C_{2+} 为油气层解释的等权重参数。具体的数学处理过程为:

$$Tg_{权重} = Tg_{归一}/(Tg_{归一} + P40H_{归一} + C_1/C_{2+归一}) \tag{4-8}$$

其中,$Tg_{权重}$ 为气测录井全烃值(Tg)计算后的权重值;$Tg_{归一}$、$P40H_{归一}$、$C_1/C_{2+归一}$ 为 Tg、P40H、C_1/C_{2+} 归一化之后的数据。

将三端元参数计算出以后,即可计算数据点坐标:

$$X = C_1/C_{2+权重} + Tg_{权重}/2 \tag{4-9}$$

$$Y = Tg_{权重} \times 0.85 \tag{4-10}$$

其中,$Tg_{权重}$、$C_1/C_{2+权重}$ 为经过公式(4-8)计算的结果;X、Y 为需要计算出投点的数据坐标值。

将得出的横纵坐标值进行投点,即可得到随钻测-录井联合流体识别技术的权重三角图版。随后,根据解释数据库的基础数据,进行未知区域的油气层解释。

4. 解释图版基础数据库

数据库主要为中央构造带北部、中央构造带南部、西次洼、西部斜坡带等地区 24 口井 86 个测试层数据,涵盖了西湖凹陷主要勘探区域,包括气层、水层、湿气层、凝析气层、致密层、低阻气层等,具有极强的代表性,并且可以对周边地区进行解释。

图 4-9 为测-录井联合识别技术的权重三角基础图版。水层 $C_1/C_{2+权重}$ 一般大于 60%,Tg 的权重一般小于 20%,$P40H_{权重}$ 一般小于 40%;致密层 $C_1/C_{2+权重}$ 一般在 20%~50% 之间,Tg 的权重一般小于 30%,$P40H_{权重}$ 一般在 40%~70% 之间;气层 $C_1/C_{2+权重}$ 一般在 20%~50% 之间,Tg 的权重一般在 20%~60% 之间,$P40H_{权重}$ 一般在 10%~50% 之间;低阻气层 $C_1/C_{2+权重}$ 一般在 30%~50% 之间,Tg 的权重一般在 20%~60% 之间,$P40H_{权重}$ 一般小于 10%;凝析气层/湿气层

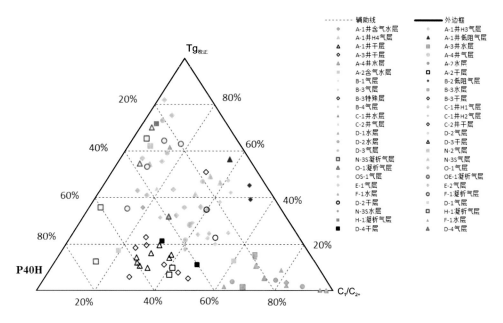

图 4-9　测-录井联合识别技术的权重三角基础图版

$C_1/C_{2+权重}$ 一般小于 20%，Tg 的权重一般大于 20%，$P40H_{权重}$ 一般大于 40%。

相较于气测组分解释法及异常倍率解释法，测-录井联合识别技术的权重三角图版识别具有更精细的解释结果，可以识别出气层、凝析气层、致密层、水层、气水层等主要解释层，同时还能识别出低阻气层等复杂层，在实际使用过程中应作为核心识别技术。

5. 图版解释

新区域的解释工作主要包括数据整理、解释层的选择、解释层特征值的选取、参数处理、数据投点与解释。其具体操作过程和上述数据处理过程相同，所不同的是解释数据不作为基础数据库的数据，只有当解释层经过测试校准后，才能作为数据库中的基础数据。

一般在实际解释工作中，主要解释气层、凝析气层、致密层、气水层等，低阻气层等复杂层的解释可以作为参考，仍需其他解释方法或解释参数综合识别，方可给出可信结论。

（三）随钻测-录井联合识别技术使用条件

与气测校正、气测倍率法、气测组分法解释的使用条件类似，要求地质条件、钻井条件、钻井液类型、流体性质主要类型等要与基础图版中的数据基本一致，气测数据、随钻测井、钻井参数要真实可靠，数据连续。此识别方法的数据库来源于东海西湖凹陷，目前适用区域也是西湖凹陷周边区域，其他地区需要经过数据校准方可使用。

第二节　低孔低渗储层流体性质测井识别技术

低孔低渗储层储集空间小、受钻井液的侵入影响，由于孔隙结构复杂，地层水矿化度变化较大,导致储层矿物和流体测井响应更加复杂,近而使电阻率测井评价含油气性具有一定的不确定性。另外,储层复杂孔隙结构引起的较差孔隙流通性,导致部分低孔低渗油气藏的原生水驱替不彻底,油气水分布规律减弱,经常表现为与水层相比低对比度的油气层。虽然这些复杂因素都能大大降低测井对流体性质的敏感性,但对于一个具体的低孔低渗油气藏这些复杂因素往往只会出现一部分或者只有几种起主要作用。近些年来,测井技术人员一方面充分利用电阻率测井,挖掘其在油气层识别中的优势,同时利用核磁共振测井、声学测井技术的流体判别潜力,发展非电法测井流体识别技术,此外也综合应用取心、试油及测井资料,细化解释单元,制订低孔低渗油气层识别标准,形成了很多低孔低渗储层流体综合识别方法,有效提高了低孔低渗储层流体性质的测井识别能力。

一、物性与电性识别技术

(一)交会图法

低孔低渗油气层的识别虽然存在着困难,但大部分低渗油气层与水层仍存在细微的差别,只是"相面"方法(即直接观察法)不易发现这种差别。通过对各种测井信息进行有效组合,制作各种交会图,可将大部分低孔低渗油气层识别出来。常见的识别油、气、水层交会图版有声波时差-电阻率、孔隙度-电阻率-饱和度、视地层水电阻率-孔隙度等。图 4-10 为某气田孔隙度-电阻率-饱和度储层流体识别图版,图中紫色方块为不同物性高温高压饱含水岩心分析样品,分布于 $S_w=1$(纯水层)线附近;蓝色圆点为测井解释的标准水层,分布于 $0.7 < S_w \leqslant 1$;红色三角为 DST 测试或者已开发气层,分布于 $S_w \leqslant 0.6$;绿色方框为 DST 已开发油层,分布于 $S_w \leqslant 0.6$。结合某气田含气饱和度下限 0.4,说明上述各类型储层均分布于图版合理区域,所建立的某气田孔隙度-电阻率-饱和度流体性质识别图版合理,可应用于该气田(油)气水层判别。

(二)中子-密度与中子-声波时差重叠法

气层最直观的识别方法是将中子-密度、中子-声波测井曲线组合放在同一道,两者以相反的方向进行刻度,调整曲线横向比例尺,使纯水层两曲线重合,中子-密度或中子-声波出现"镜像"变化特征为气层。低孔渗气层"镜像"变化幅度没有高孔渗气层明显,有时只是一种微小的变化趋势,因此在气层识别过程中需仔细参考电阻率等其他曲线,重点分析物性-电性曲线组合的变化特征。

图 4-11 是某井 P3 层测井综合解释成果图,该井测井项目有常规测井(双侧向+中子密度)、阵列声波 MAC、阵列感应电阻率 HDIL 等,资料质量较好。图中第三道为阵列感应 6 条不同探测深度的电阻率曲线,第四道为三孔隙度曲线道,X395~X445m 孔隙度 10%~13%,低 GR 层段中子-密度具有弱的"镜像"变化,同时电阻率增大,电阻率相对低的层段泥质含量高,故将该层段解释为低渗气层;X445m 以下低 GR 层段电阻率低于 10Ω·m,中子-密度不存在"镜像"变化,呈同向变化,综合解释为含气水层。

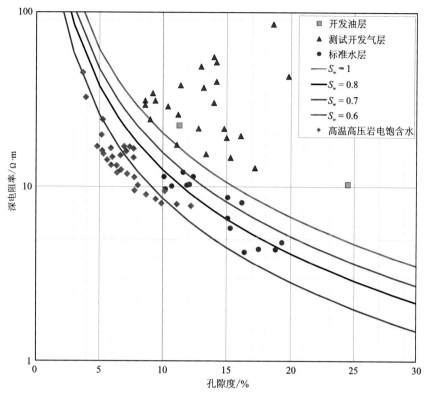

图 4-10　某气田孔隙度-电阻率-饱和度流体性质识别图版

（三）密度-中子测井相关性分析法

当砂岩泥质含量高时，中子-密度重叠法对气层不敏感，可以先计算出密度孔隙度 ϕ_D、中子孔隙度 ϕ_N，对 $\phi_D-\phi_N$ 进行相关处理，放大含气储层密度-中子孔隙度的差异，定义密度-中子测井的相关系数 R 如下：

$$R(\phi_D,\phi_N)=\frac{n\sum\limits_{i=1}^{n}\phi_{N_i}\times\phi_{D_i}-\sum\limits_{i=1}^{n}\phi_{N_i}\times\sum\limits_{i=1}^{n}\phi_{D_i}}{\sqrt{n\sum\limits_{i=1}^{n}\phi_{N_i}^2-(\sum\limits_{i=1}^{n}\phi_{N_i})^2}\times\sqrt{n\sum\limits_{i=1}^{n}\phi_{D_i}^2-(\sum\limits_{i=1}^{n}\phi_{D_i})^2}} \tag{4-11}$$

（1）纯砂岩水层：相关系数 R 为正数，且接近 1。

（2）纯砂岩气层：相关系数 R 为负值，接近于-1。

低孔渗气层的中子密度曲线幅度差小或不明显，此时相关系数依然能清晰地反映出气的存在。

（3）泥质砂岩气层：当泥质的密度小于砂岩骨架密度时，泥质砂岩的相关系数是负数；反之，相关系数为正数。

图 4-12 为中子-密度相关性分析法判别气层图例，第 9 道是中子-密度相关性曲线，3306～3334m 相关系数 R 主要为负数，指示为气层特征；3334m 以下相关系数 R 多为正数，指示为水层。

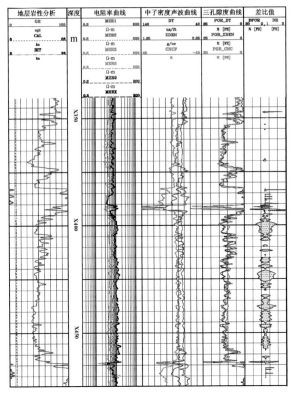

图 4-11　某井 P3 层低渗气层综合识别测井组合图

（四）孔隙度曲线差值与比值法

中子-密度、中子-声波测井曲线重叠法受岩性影响较大，泥质含量高或高束缚水含量的砂岩气层应用效果差。为排除岩性影响，可先计算孔隙度曲线，求取三孔隙度比值、差值，放大测井响应的有用信息，以此特征参数判别气层。

根据泥质砂岩体积模型，密度视孔隙度 ϕ_{da}、中子视孔隙度 ϕ_{na}、声波视孔隙度 ϕ_{sa} 可分别写为：

$$\phi_{da}=\frac{\rho_b-\rho_{ma}}{\rho_w-\rho_{ma}}-V_{sh}\frac{\rho_{sh}-\rho_{ma}}{\rho_w-\rho_{ma}} \tag{4-12}$$

$$\phi_{na}=\frac{HI-HI_{ma}}{HI_w-HI_{ma}}-V_{sh}\frac{HI_{sh}-HI_{ma}}{HI_w-HI_{ma}} \tag{4-13}$$

$$\phi_{sa}=\frac{DT-DT_{ma}}{DT_w-DT_{ma}}-V_{sh}\frac{DT_{sh}-DT_{ma}}{DT_w-DT_{ma}} \tag{4-14}$$

式中：ρ、HI、DT 分别为密度、含氢指数、声波时差；ϕ、V_{sh} 分别为孔隙度、泥质含量；下标 ma、sh、w 分别表示岩石骨架、泥质及水。

三孔隙度差值及比值定义为：

$$\Delta\phi=\phi_{da}+\phi_{sa}-2\phi_{na} \tag{4-15}$$

$$\phi_R=\frac{\phi_{da}\cdot\phi_{sa}}{\phi_{na}^2} \tag{4-16}$$

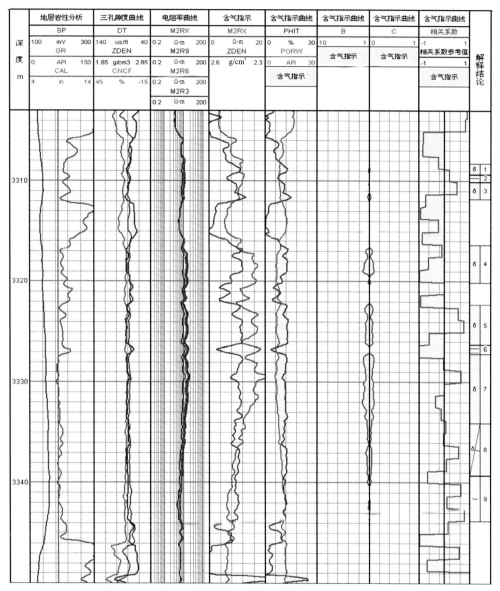

图 4-12 中子-密度相关性分析法判别气层

通常纯水层段三孔隙度曲线重叠,三孔隙度差值 $\Delta\phi$ 均接近于 0 或等于 0,比值 ϕ_R 接近于 1;气层段 $\phi_{sa}>\phi_{da}\gg\phi_{na}$,$\Delta\phi$ 大于 0,气层 ϕ_R 大于 1。若将三孔隙度差值、比值曲线反向重叠组合放在同一道,纯水层段重合,气层段出现明显的包络面积。

图 4-11 中第 5 道为三孔隙度曲线,第 6 道为三孔隙度曲线差比值,DPOR 为三孔隙度差值、DR 为三孔隙度比值。P2 层段 X353～X382m 砂岩电阻率为 6Ω·m,是典型水层,其密度孔隙度、声波孔隙度、中子孔隙度三者相近,三孔隙差值 DPOR 为零、三孔隙比值 DR 为 1。P3 层中 X395～X445m 砂岩 $\phi_{sa}\geqslant\phi_{da}\gg\phi_{na}$,三孔隙差值 DPOR 大于零、三孔隙比值 DR 大于 1,呈典型气层特征;X445m 以下低 GR 层段砂岩三孔隙差值 DPOR 逐渐变小至零、三孔隙比值 DR 变小至 1,含气性变差,呈含气水层特征。

（五）电阻率视含水孔隙度–总孔隙度重叠法

中子、密度、声波测井探测深度较浅，当泥浆滤液侵入较深时，三孔隙度曲线重叠法、差比值法等对低孔渗砂岩气层的识别不敏感。由于电阻率测井探测深度大，可以利用电阻率根据 Archie 公式反算一条含水孔隙度曲线，将其称为储层"视含水孔隙度"曲线，并将该曲线与储层的总孔隙度曲线进行重叠，就可以用来指示气层的存在。其基本原理如下。

根据 Archie 公式：

$$F = \frac{R_0}{R_w} = \frac{a}{\phi^m} \tag{4-17}$$

式中：F 为地层因子；a 为岩性系数；m 为胶结指数。得出视含水孔隙度：

$$\phi = m\sqrt{\frac{aR_w}{R_0}} \tag{4-18}$$

据上式，可以利用电阻率计算出一条视孔隙度曲线 PRW，将此孔隙度与总孔隙度 PORT 重叠，当 PRW<PORT，则指示地层含气；当 PRW＝PORT，则为水层或干层。

图 4-13 是某井 P1～P3 层测井曲线综合图，图中第四道是声波–中子重叠法，黄色充填部分指示为气层；图中第 5 道是电阻率视含水孔隙度–总孔隙度重叠法，红线是电阻率视含水孔隙度 PRW，黑线是常规测井计算的孔隙度 PORT，水层两者重合，气层段 PRW 小于 PORT。

（六）电阻率基线法

阿尔奇公式建立了电阻率测井与孔隙度测井的联系，为含水饱和度的计算做出了巨大贡献。通常可以通过电阻率及孔隙度数据，结合岩电参数和阿尔奇公式计算储层含水饱和度，进而得到含油气饱和度。基于此可以进行反向应用：在水层认为含水饱和度为 100%，可以根据下式计算饱含水时地层的电阻率，称为水层电阻率基线（R_0）；在纯气层，认为含水饱和度为束缚水饱和度，可根据式（4-20）计算饱含气时地层的电阻率，称为气层电阻率基线（R_g）。

$$R_0 = a \cdot b \cdot R_w / \phi^m \tag{4-19}$$

$$R_g = a \cdot b \cdot R_w / (\phi^m \cdot S_{wi}^n) \tag{4-20}$$

式中：a、b 均为与岩性相关系数。

1. 定性识别

通过水层电阻率基线（R_0）、气层电阻率基线（R_g）与实测地层电阻率（RD 或 P40）对比，可表征油气水的信息。

如图 4-14 所示，电阻率曲线道中 RD 与 R_0 的差异认为是含油气信息（红色充填），RD 与 R_g 的差异认为是含水信息（淡蓝色充填），通过含油气信息和含水信息的多少，可以综合分析流体信息。图中从 23 号层往下可以发现含水信息增加，油气信息逐渐减少，孔隙体积剖面道的可动水分析法有同样的规律，可动水含量逐渐增加。根据以上结果，再结合录井、气测、荧光、物性等信息，综合解释 23 号层为气层，24 号层为气水同层，25 号层为干层。对 4183～

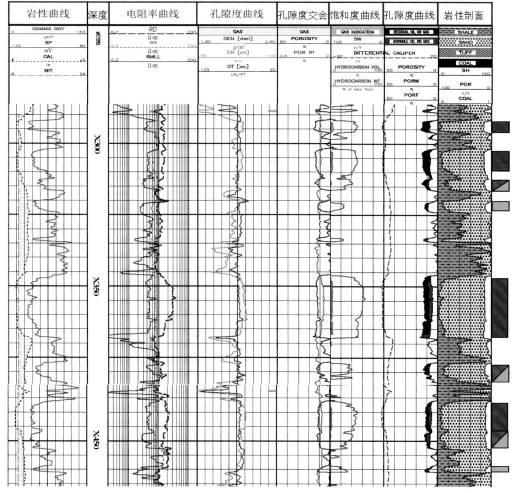

图 4-13 某井平湖组 P1~P3 层测井综合解释成果图

4196m(13m)进行 DST 测试为气层,解释结论与测试结论一致。

2. 半定量识别

在利用电阻率基线值进行定性识别的方法中,需要结合多种信息进行综合判断,识别结果或许存在争议。因此在定性识别的基础上,构建了半定量到定量评价的方法。

构建半定量含气指数(IG),定义为:

$$IG = \frac{(RD - R_0)}{R_0} \tag{4-21}$$

式中:RD 为储层实测电阻率,R_0 为水层电阻率基线值。考虑到不同井区含气性、物性、水性等特征的差异,建立适应不同井区的定量识别参数。半定量识别标准见表 4-3。

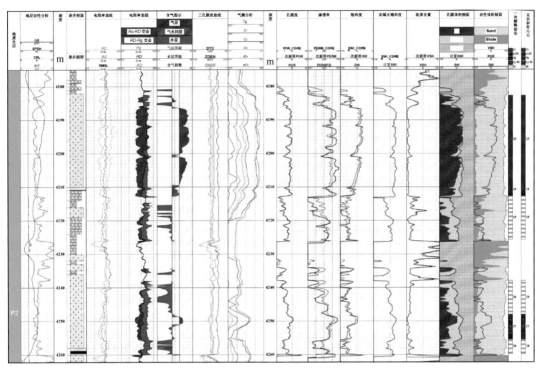

图 4-14　某井 P2 段电阻率基线法流体识别效果

表 4-3　电阻率基线法半定量流体识别标准

流体类型		水层/干层		气水同层		纯气层	
井区		A	B	A	B	A	B
含气指数	IG	<0.6	<0.4	0.6~1.8	0.4~1.2	>1.8	>1.2
电阻增大系数	I	<1.6	<1.4	1.6~2.8	1.4~2.2	>2.8	>2.2
含水饱和度	S_w	>80%		60%~80%		<60%	

在 A 井区应用半定量识别方法。如图 4-14 含气指示道所示,当 IG<0.6 时为水层或者干层(蓝色充填),对应电阻增大系数小于 1.6,含水饱和度大于 80%;当 IG 介于 0.6~1.8 时为气水同层(粉色充填),对应电阻增大系数介于 1.6~2.8 之间,含水饱和度介于 60%~80%;当 IG>1.8 时为气层(红色充填),对应电阻增大系数大于 2.8,含水饱和度小于 60%。应用以上标准,在 A1 井中得到良好识别效果。图 4-14 中 23~28 号层解释结论与半定量识别标准对应很好,与定性识别方法综合对比,为流体识别提供依据。

通过定性和半定量的方法,应用电阻率基线法对研究区储层流体进行识别,取得较好应用效果。B 井区应用效果见图 4-15 和图 4-16。

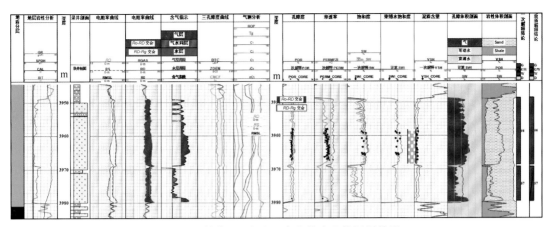

图 4-15　某井 II8 段电阻率基线法流体识别效果

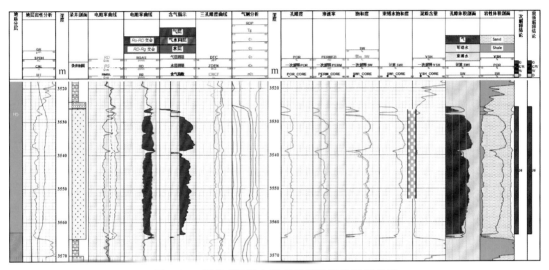

图 4-16　某井 H5 段电阻率基线法流体识别效果

（七）相关系数法

经典的 Archie 模型证实了电阻率测井响应与岩性、孔隙度及含气饱和度具有相关性，为利用电阻率测井与孔隙度测井的相关性判别储集层流体性质提供了理论依据。

对于水层或者干层，根据阿尔奇公式可得到储层电阻率 R_t 为：

$$R_t = aR_w/\phi^m \tag{4-22}$$

对于油气层，根据阿尔奇公式可得到储层电阻率 R_t 为：

$$R_t = abR_w/\phi^m S_w^n \tag{4-23}$$

因为 R_w 与 a、b 均为固定值，因此可认为在理想情况下水层或者干层的含水饱和度为 100%，电阻率与孔隙度曲线应呈幂函数关系，且相关系数很高；而对于油气层，电阻率不仅受物性影响，还受含气饱和度影响，电阻率与孔隙度已经不是简单的幂函数关系，而是受到了含气饱和度的影响，相关性变差。

因此利用同一储层不同深度点孔隙度与电阻率测井进行回归分析,求取幂函数的相关系数,可以对储层流体性质进行评价,该系数的大小决定了储层含气性的大小:当相关系数较高时,含气性差;相关系数变低时,说明受到了含气性的影响。该方法绕开了常规测井方法孔隙度大小及电阻率大小这一概念,而以二者相关性来定量评价储层流体性质,提供了一种新的评价流体性质的手段。

如图 4-17 所示,在 11 号和 13 号水层中统计孔隙度与储层电阻率的关系图,幂函数关系的相关系数 R^2 分别为 0.395 8 和 0.550 9,相关系数较高。而图 4-18 中 42 号、44 号和 49 号气层统计孔隙度与储层电阻率的关系,幂函数关系的相关系数 R^2 分别为 0.047 7、0.011 7 和 0.005 5,相关系数极低。

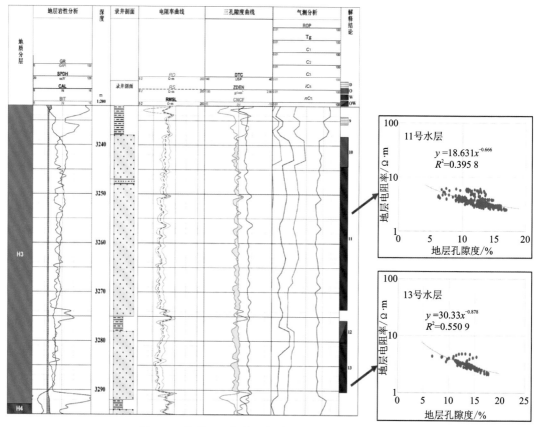

图 4-17　某井 H3 段水层相关系数法流体识别效果

在研究区推广相关系数法识别流体,普遍取得较好效果。通过统计,得出以下规律:气层相关性差,相关系数 R^2 小于 0.4;水层及干层的相关性好,相关系数 R^2 大于 0.4;水层及含水干层孔隙度与电阻率测井具有负相关性,而含气干层具有正相关性。利用以上标准可以更好地应用相关系数法识别流体。

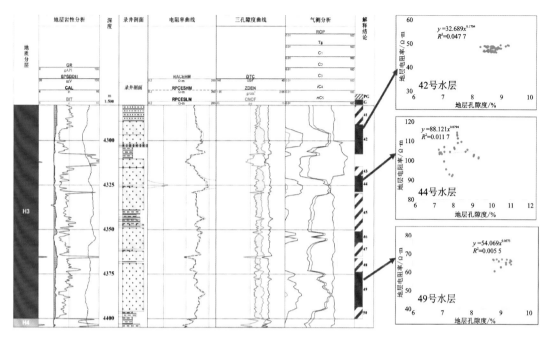

图 4-18　某井 H3 段气层相关系数法流体识别效果

二、多极阵列声波测井参数低孔渗气层判别法

（一）不同含水饱和度岩样纵横波速度实验测量

实验首先模拟地层条件，其次分别对孔隙度 12.7％、18.9％的岩样进行不同含水饱和度纵横速度实验测量。实验测试条件：温度 130℃，内压 30MPa，围压 70MPa，驱替介质为 PH 平台分离气，饱和水为 $16\,000 \times 10^{-6}$ 氯化钙型模拟地层水。实验测量结果如图 4-19 所示。图中可看出当含气饱和度小于 20％时纵波速度就开始明显减小，随含气饱和度增加，纵波速度减小，横波速度略增大，纵横波速度比减小；低孔低渗储层变化规律与高孔高渗类似，只是变化幅度略小些。

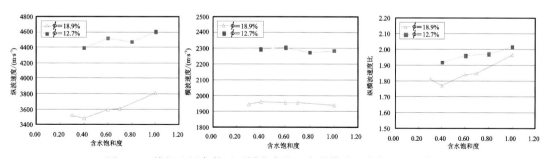

图 4-19　模拟地层条件下不同含水饱和度纵横波速度实验测量结果

（二）纵横波速度比及体积压缩系数、泊松比交会法

地层中含气饱和度的增加造成纵波速度的下降（即纵波时差增大），同时引起横波速度的略微增加（即横波时差减小），造成纵横波速度比值（Vp/Vs）变小。纵横波速度比可以较大程度上消除岩石骨架和孔隙度对速度的影响。因此，利用纵横波速度比值与纵波时差（Δtc）交会能很好地指示气层。

在测井组合曲线图中通常将纵横波时差放在同一道，横向比例尺分别为 $40\sim140\mu s/ft$、$40\sim240\mu s/ft$，含气层段两曲线靠近，纯水层段两曲线呈平行状，这也可作定性判别含气层的依据。

体积模量的倒数即是体积压缩系数，泊松比是纵横波速度比的函数，实际应用中使用泊松比-体积压缩系数交会法识别油气层。气体速度远低于液体，压缩系数远比流体大，含气层体积压缩系数相对于油水层明显增大，泊松比值小于油水层。因此，可将水层段的泊松比和体积压缩系数曲线重叠，含气层段会呈现明显"镜像"关系。

通过西湖凹陷系统研究，确定了气层阵列声波测井声学参数的判别标准：气层纵横波速度比小于 1.65，体积压缩系数大于 $0.6\times10^{-3}MPa^{-1}$，泊松比小于 0.21。该判别标准也适用气水同层、含气水层等含气层。由于声波测井对含气层非常敏感，气水同层、含气水层等含气层均适用该标准，但解释气层、气水同层、含气水层时需参考电阻率资料。

图 4-20 中第 6 道是纵横波速度比、体积压缩系数 CMPR、泊松比，气层段纵横波速度比小于水层，体积压缩系数-泊松比镜像变化关系明显，气水界面清晰。

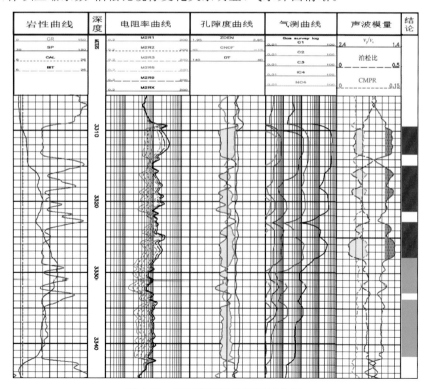

图 4-20　阵列声波测井结果综合图

（三）视弹性模量系数法

岩石的等效弹性模量定义为声阻抗乘以纵波速度。在相近的岩性和孔隙度条件下,气层声阻抗和纵波速度均比水层小,因此叫以利用岩石等效弹性模量判识流体性质。计算弹性模量(M)的公式为:

$$M = (\frac{\rho_b}{\Delta t^2}) \times 10^{16} \tag{4-24}$$

式中:M 为等效弹性模量,10^{-1}Pa;ρ_b 为体积密度,g/cm^3;Δt 为声波时差,μs/m。

目的层完全含水时的等效弹性模量(M_w,dynes/cm^2)由下式确定:

$$M_w = \frac{\phi\rho_w + V_{sh}\rho_{sh} + (1 - \phi - V_{sh})\rho_{ma}}{[\phi\Delta t_w + V_{sh}\Delta t_{sh} + (1 - \phi - V_{sh})\Delta t_{ma}]^2} \times 10^{16} \tag{4-25}$$

式中:ρ_w、ρ_{ma} 为孔隙流体和地层骨架密度,g/cm^3;Δt_w、Δt_{ma} 为孔隙流体和地层骨架声波时差,μs/m;ϕ 为岩石孔隙度。

计算视弹性模量差比值的公式为:

$$DRM = \frac{M_w - M}{M} \tag{4-26}$$

由上述可知,$DRM>0$,指示为气层,反之为非气层,因此在相似的岩性和孔隙度条件下,可用等效弹性模量识别流体性质。如图 4-21,某井 3873～3903m,计算视弹性模量系数大于0,解释为气层,测试验证为气层;如图 4-22,某井 3553～3572m,计算 DRM 约等于 0,解释为水层。

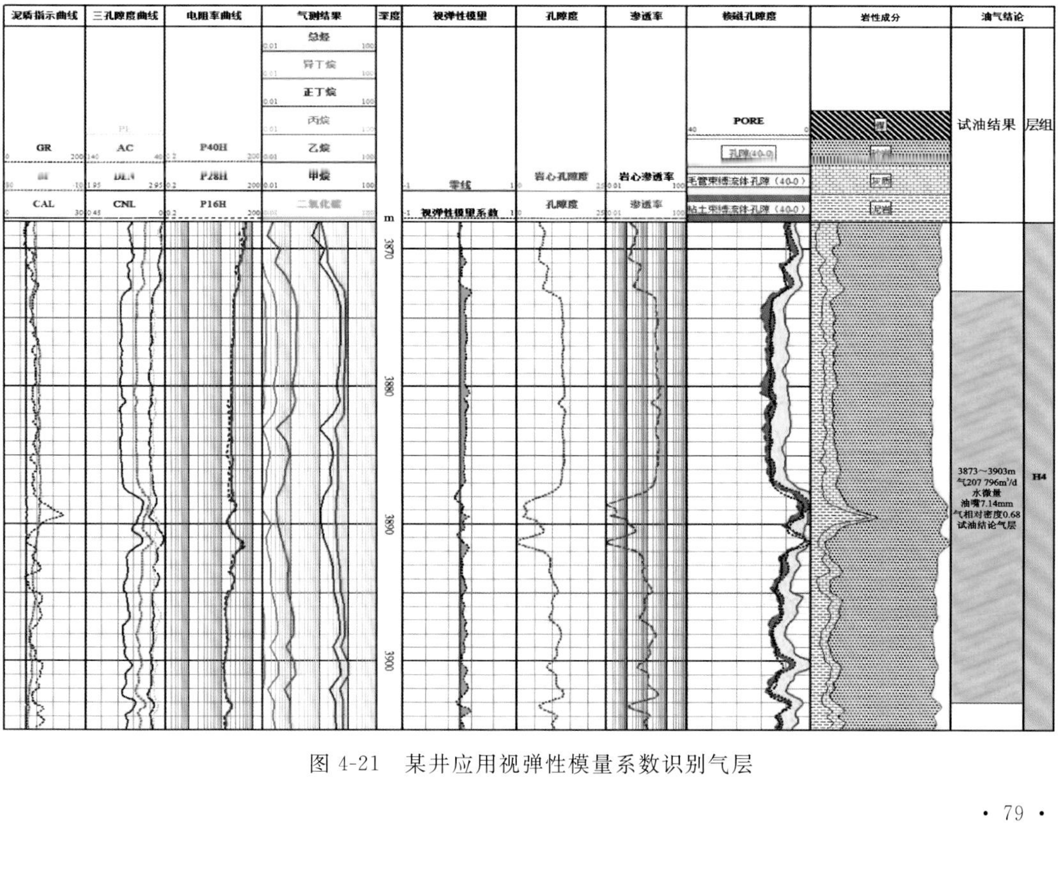

图 4-21　某井应用视弹性模量系数识别气层

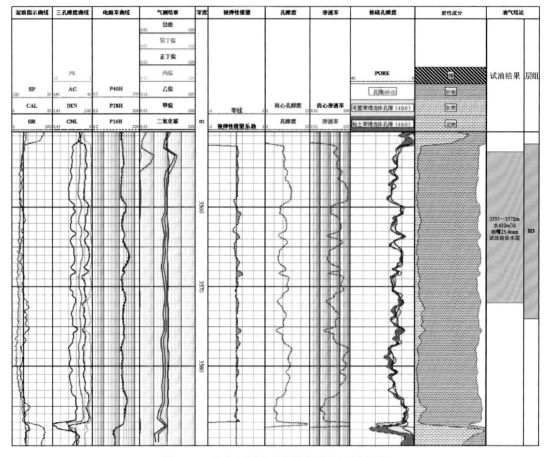

图 4-22　某井应用视弹性模量系数识别水层

三、核磁共振测井流体识别法

(一)标准 T_2 谱特征法

天然气具有纵向弛豫时间 T_1 长、横向弛豫时间 T_2 短、扩散系数大、含氢指数小的特点。T_2 谱特征上,气层段 T_2 谱位置较水峰偏左,且主峰幅度弱,冲洗带残余气饱和度越高,气层主峰幅度越弱。

(二)核磁测井孔隙度-常规孔隙度比较法

由于气体低的质子密度和长的纵向弛豫时间 T_1,通常核磁共振测井采集等待时间 TW 不够长,气层不能完全极化,导致测量孔隙度偏低。核磁共振测井测量的孔隙度与地层真实的孔隙度存在如下关系:

$$\phi_{true}=\frac{\phi_{NMR}}{HI} \tag{4-27}$$

式中:HI 为含氢指数;ϕ_{NMR} 为核磁孔隙度,%;ϕ_{true} 为地层真实孔隙度,%。

目前，常规测井主要采用中子-密度交会法计算储层总孔隙度 ϕ_t，考虑了气体校正，计算的总孔隙度 ϕ_t 与岩心孔隙度误差较小，能代表储层的孔隙度。将常规测井计算的总孔隙度与核磁共振测井计算的有效孔隙度放到一起对比，含水层通常两者相近，而气层段核磁孔隙度 ϕ_{NMR} 均小于常规测井总孔隙度 ϕ_t，含气饱和度越高，两者差异越大。若采用单密度或单声波计算孔隙度与核磁孔隙度对比，则气层段两者差异更大。

图 4-23 是某井 H10～H12 层核磁共振测井图，该井目的层埋深大于 3400m，为低孔低渗储层，核磁共振测井采用 MRIL-P 型核磁共振测井仪，进行了标准 T_2 谱测量，测量模式为 D9TP12，采集参数等待时间 TW12.008s，回波间隔 TE 0.9ms，回波 500 个。H10、H11 层核磁共振标准 T_2 谱（图中第 6 道）主峰位置与 H12 层相近，但主峰幅度远较 H12 弱；同时常规测井计算孔隙度 PORT 远大于核磁有效孔隙度（图中第 7 道黄色充填部分为两者差异），H12 层常规测井计算孔隙度与核磁共振有效孔隙度基本重合，综合电阻率-孔隙度特征，解释 H10、H11 层为低渗气层，H12 层为含水干层。H10、H11、H12 层深、浅侧向，微侧向三电阻率基本重合，也表明储层物性差，泥浆侵入浅。

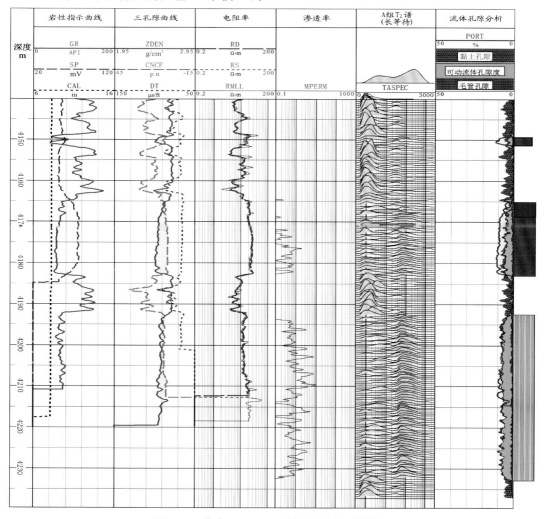

图 4-23　某井 H10～H12 层核磁共振测井特征

四、电缆式地层测试器储层流体识别技术

(一)地层测试资料分类

1. 超压影响因素及超压点判断

超压是指地层测试获取的测点压力值高于储集层真实压力的现象,超压的主要原因是井壁未形成泥饼或泥饼的质量不足以隔开井筒泥浆和地层孔隙流体的压力差,钻井液液柱高压不断向储层中扩散,导致测试器测量的井壁附近地层的压力高于真实地层压力。图4-24是地层测试时泥饼分隔性能好坏情况下压力分布示意图:如图4-24(a)所示,在泥饼有效分隔情况下泥浆柱高压几乎都被泥饼损耗,地层测试恢复压力等于地层压力;而如图4-24(b)所示,在泥饼分隔性差时泥浆柱高压会通过泥饼缓慢衰减到地层内部直至逐渐衰减到地层压力,测压时压力波及深度难以达到地层原始压力处,导致地层测试时最终恢复压力高于地层真实压力。

近年来,西湖凹陷钻探主要目的层大都为深层－超深层的低孔低渗储层,在低渗储层测压时测试点受超压影响概率大。同时,西湖凹陷勘探开发实践表明,该凹陷中深层普遍发育高压异常,因此在这种普遍发育高压的低孔低渗储层中进行测压分析,尤其是超压点判断尤为重要。

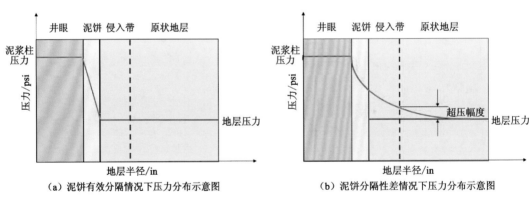

(a) 泥饼有效分隔情况下压力分布示意图　　　　(b) 泥饼分隔性差情况下压力分布示意图

图4-24　压力分布示意图

超压点可以通过以下几方面分析及判断:①超压点通常发生在储层物性较差层段测试时,因为储层物性较差一般难以有效形成泥饼或泥饼分隔性较差;②从测压点几次压力恢复曲线判断,如果几次预测试压力恢复值不同且有逐渐变小的趋势,说明该测试点可能为超压(图4-25);③通过分析压力测试点趋势,在同一储层

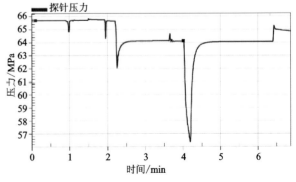

图4-25　超压点压力测试恢复曲线图

内若某些测试点明显比大多数测试点的趋势偏大,则该点可能为超压点。

基于以上三点,对西湖凹陷数十口井压力预测试点综合分析发现:测试点压降流度小于 $3\times10^{-3}\,\mu m^2/cP$ 时,一般为超压点;压降流度介于 $3\sim7\times10^{-3}\,\mu m^2/cP$ 之间时,可能为超压点,需要结合其他压力测试资料综合判断;压降流度大于 $7\times10^{-3}\,\mu m^2/cP$ 时,测压点基本不受超压影响,大多为有效点(图 4-26)。

图 4-27 为西湖凹陷 X1 井某气层压力剖面图,该气层用于流体密度回归的 3 个测压有效点流度分别为 $60.5\times10^{-3}\,\mu m^2/cP$、$10.3\times10^{-3}\,\mu m^2/cP$、$21.80\times10^{-3}\,\mu m^2/cP$,三个测压点压力回归流体密度为 $0.20g/cm^3$,与该层 PVT 地层条件下气样分析气密度基本一致。由图可见压力回归线右上方还有两个测压点,测压流度分别为 $3.9\times10^{-3}\,\mu m^2/cP$、$6.6\times10^{-3}\,\mu m^2/cP$,这两个点压力测量值明显偏离压力梯度线,判断为超压点。

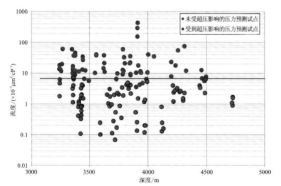

图 4-26　西湖凹陷压力测试点统计分析图

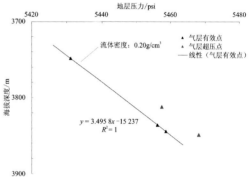

图 4-27　X1 井某气层压力剖面图

2. 地层测试资料分类

通过对西湖凹陷各类电缆式地层测试资料分析,测压资料可分为 5 类:有效点、超压点、干点、致密点、坐封失败点,具体描述及应用条件见表 4-4,相应的测试曲线见图 4-28。

表 4-4　测压资料类型表

测点类型	定义
有效点	单个预测试压力恢复稳定(60s 内压力变化值在 0.05psi 以内),最后两次预测试的恢复压力差小于 0.05psi,此类点可用于回归流体密度和计算地层流度
超压点	压力恢复值接近于钻井液柱压力或明显高于相邻深度有效点压力值,此类点不能用于回归流体密度,但能用来估算地层流度
干点	压力降落开始后,压力值降至极低,甚至出现零或负值,几乎没有压力恢复(压恢小于全部压降 10%),此类点不能用于回归流体密度和评价地层流度
致密点	压力恢复过程缓慢,压力值恢复不到正常的地层压力值,此类点不能用于回归流体密度和评价地层流度
坐封失败点	压力测试期间无压降或压降微弱,或者测压数据压力值保持为钻井液液柱静压力值

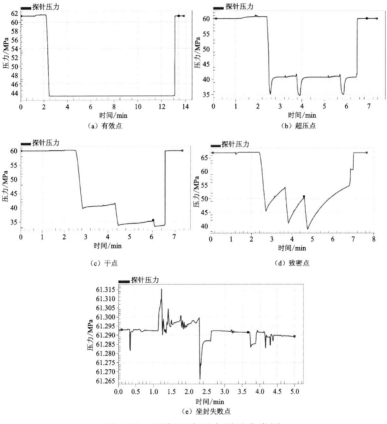

图 4-28　西湖凹陷压力测试分类图

（二）测压资料计算储层流体密度

地层孔隙流体密度是判断油气非常直接的依据。在渗透性较好的储层，一般的重复式地层测试器（如 RFT、FMT、MDT、RCI 等）能得到可靠的地层压力数据。这些有效的地层压力数据可绘制各层的压力-深度剖面图，建立压力梯度关系，根据式（4-27）计算出地层流体密度，由此可确定地层流体性质以及划分出气、油、水层的界面（如图 4-29）。为保证计算密度的准确性，求取压力梯度曲线时应剔除异常的压力点，有效压力点至少三个或三个以上，油气层应合理加密测压点。

流体密度计算公式为：

$$\rho_f = \frac{P_2 - P_1}{D_2 - D_1} \times \frac{1}{1.422} \tag{4-28}$$

式中：D_2、D_1 为同一油水系统内两个测压点的海拔深度，m；P_2、P_1 分别为 D_2、D_1 深度的地层压力，psi。

该方法确定流体类型比较直观、准确，适用于物性好的储层。物性差的储层测压数据多为超压点，压力资料难以准确得到地层流体密度。

西湖凹陷某些油气田发育轻质油藏、带油环的凝析气藏，油气藏气油比变化较大，呈现典

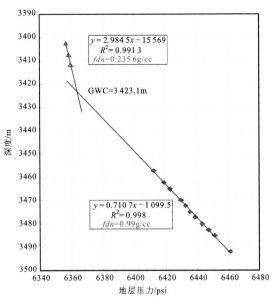

图 4-29　地层压力-深度关系确定流体密度及气水界面

型"油轻气重"特点,给常规测井资料识别油气层带来一定困扰。这种情况下利用电缆式地层测试资料,可通过地层压力梯度快速评价地层流体密度,从而帮助测井解释人员进行油、气层识别。图 4-30 为西湖凹陷 X2 井测井曲线组合图,如图所示,3729～3731m 中子-密度曲线"镜像"交会特征明显,判断为典型气层;3734～3748m、3759.5～3765m 中子-密度曲线"镜像"交会幅度明显小于上部典型气层,判断为油层。图 4-31 为西湖凹陷 X2 井某气层压力剖面图,其中 3734～3748m 地层压力系数为 1.09,4 个有效压力点回归地层流体密度为 0.61g/cm³,后续该层 DST 测试样品 PVT 分析地层原油密度为 0.611 3g/cm³,两者基本一致;3759.5～3765m 中子-密度"镜像"交会特征与水层特征相似,易将该层解释为油层,但该层 3 个测压有效点回归地层流体密度为 0.39 g/cm³,是气层特征,后经 MDT 取样证实。

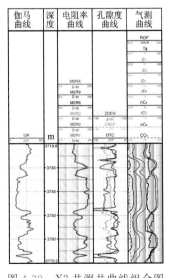

图 4-30　X2 井测井曲线组合图

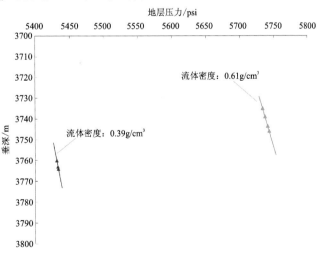

图 4-31　X2 井某气层压力剖面图

第五章 低孔低渗储层流体定量评价技术

第一节 低孔低渗储层油气含量录井快速定量评价技术

低渗-致密储层作为当今世界油气勘探的重要领域，从勘探发现至今一直受到世界各大油公司和专家学者的广泛重视。致密砂岩储层具有低孔低渗、非均质性强、束缚水饱和度高、电阻率低和气水关系复杂等特点。致密砂岩储层的这些特点，使其含气性的评价面临诸多难题。气测录井作为现场第一手资料，利用其在录井识别阶段进行快速准确的含气性评价尤为重要。

气测录井通过安置在振动筛前的脱气器获得从井底返回的钻井液所携带的气体，对其进行组分、含量检测和编录，从而判断流体性质。以往气测录井受技术发展水平的限制，主要是以定性的方法进行资料解释，缺乏定量-半定量手段，其应用范围和价值受到局限，探索较精确的气测录井计算地层含气量的方法势在必行。李学国等（2002）提出通过地层和油气显示的关系进行地层含气量的计算方法，其中地层含气量的计算方法分两步进行，首先计算地面的含气量，然后再计算地层的含气量。乔玉珍等（2011）结合各种地质因素推导出低孔渗及低压气藏的地层含气量计算公式，提出了利用全烃值进行井间对比的新思路。前人的方法具有一定的借鉴意义，但仍存在不足，主要体现在钻进液含气量与录井检测值的关系多以理论模型为基础，并无可靠的实验数据支撑。本次研究以钻进液脱气实验及气象色谱分析为基础，建立较为可靠的钻井液含气量与气测全烃检测值的关系，从而进行地层含气量的计算，其可靠性明显得到提高。

一、样品及实验

本次研究使用自行设计的钢质密封罐进行钻井液样品取样，该密封罐主要由罐体、顶盖、导流阀、防撞罩四部分组成（图5-1）。取钻井液样品时，钻井液装至罐体的 $3/4 \sim 4/5$ 之间，而后将顶盖拧紧，导流阀关闭，并盖上防撞罩，即可进行运输。运输至实验室后，罐体顶部空间为空气和钻井液挥发出烃气的混合气，打开导流阀将混合气导出至样品管中，用5%的NaOH溶液洗气，而后进行气相色谱分析。导出罐顶气的钻井液样品进行真空加热全脱气实验，将脱出的气体用NaOH溶液洗气，同样进行气相色谱分析。

图 5-1 钻井液取样所用的解析罐

1.样品选取

本次研究中钻井液脱气实验的样品来源于东海西湖凹陷,使用新设计的密封罐进行取样。每个样品有罐顶气和全脱气,实验记录项目主要有日期、井号、深度、时间、罐顶气量、钻井液进量、脱气量、洗气前气量、洗气后气量、解析罐未充满的钻井液的高度、实验温度、实验人等信息。

2.罐顶气收集

罐顶气为密封罐顶部的气体,实际为烃气与空气的混合气体,为了减少实验误差,需要将罐顶气导出,并用 NaOH 洗气,消除罐顶气 CO_2 的影响,而后进行气相色谱检测烃气含量。

罐顶气的收集步骤如下。

(1)配置实验装置:配制 10L 饱和食盐水,将解析罐与倒置在饱和食盐水中的集气管用细管线连接(此时解析罐的阀门是闭合的)。

(2)收集罐顶气:打开解析罐的阀门,利用排水法收集罐顶气,当罐顶气较多时,临时关闭导流阀,并用注射器将集气管中的气体抽出,做标记,直至罐顶气导出完毕,记录罐顶气的总量。

(3)计算解析罐中顶部空间大小:用直尺测量解析罐的内直径和罐内钻井液的高度,进而计算钻井液的体积、顶部空间体积,并记录备用。

3.罐顶气的洗气

根据前期脱气实验中的经验,钻井液脱出气体的 CO_2 含量极高,色谱分析时 CO_2 的色谱柱会将丙烷(C_3)的出峰位置遮挡住,从而导致无法获得 C_3 数据,所以在本次实验中在色谱分析之前要进行 CO_2 的洗气操作,CO_2 洗气的操作步骤如下。

(1)连接抽滤瓶与大烧杯,配制浓度为 5% 的 NaOH 溶液,分别装满抽滤瓶和人烧杯。

(2)关闭胶皮管上面的阀门夹,从靠近抽滤瓶下部细颈处用针头缓缓注入需要洗 CO_2 的气体,使 CO_2 可以与 NaOH 进行充分的反应。

(3)从抽滤瓶上方的试管的刻度上读取洗气后的剩余气体量并记录。

(4)从抽滤瓶上方的针头处抽出所有洗气后的气体,注意在抽气的过程中要打开阀门夹。

(5)将洗气后的气体注入色谱仪做色谱分析。

由于洗气装置的管线体积(约为 0.5mL)的影响,需要对洗气后的气体量进行校正,校正完的洗气后气体量是由所记录的洗气后气体量与管线体积相减所得。

4.钻井液真空加热全脱气实验

钻井液的脱气实验采用的是 XG-VMSJ 真空定量全脱装置,该装置的技术优点有:脱气罐内部加热,钻井液受热均匀,有利于脱气;脱气罐内部强力机械搅拌,搅拌均匀,脱气效率高;采用透明的有机玻璃脱气罐,既便于观察脱气过程,又保障了安全;进浆和气路的控制阀无易磨损的密封件,工作可靠。

钻井液脱气的操作步骤如下。

(1)插好 VMSJ 与真空泵电源,然后依次开启真空泵开关、抽真空开关、脱气开关,将钻井液罐用手向上托,使其吸在主盘上,将托板放在罐中心,以防脱落。

(2)抽真空至−0.1MPa(或接近−0.1 表针不再动时)关闭抽真空开关,真空泵不关,此时打开一下进水开关并立即关掉,进行预进水(开关的时间间隔约 1s),再打开进浆阀,预进钻井液(10～15mL),要求两管线都充满,无空气后再打开抽真空开关,继续抽真空约 1min,然后依次关闭抽真空开关、脱气开关和真空泵开关。

(3)打开进浆阀门,钻井液进到刻度线时关闭进浆阀,打开搅拌开关、脱气开关,脱气持续约 5 分钟,关闭搅拌开关和脱气开关(脱气温度设定在 60℃左右)。

(4)打开进水开关,使脱出的气体聚集到顶部的集气管内,然后记录脱气量,用注射器抽出全脱气,以备进行色谱分析,此时完成了整个脱气过程。

(5)把集气管上螺帽松开,大气压将水压回到盐水瓶,关闭进水开关。

(6)把钻井液瓶换为清水瓶,打开进浆阀,由于钻井液罐仍为负压,让一定量的清水(约 50mL)与空气吸入罐内,冲洗阀体与进浆管,同时罐体也会脱落下来,关闭进浆阀,把托板移开取下钻井液罐进行清洗,若加热管过热,可在钻井液罐内装一定量冷水进行冷却。

操作过程需要记录钻井液进液量、脱出气体量、罐体上方空间大小、集气管体积等数据,以便后期计算。

5.钻井液脱出气体的洗气

脱出气体仍需要脱 CO_2 的洗气过程,其洗气步骤与罐顶气洗气步骤相同。

6.气相色谱分析

气相色谱分析使用 Agilent 公式的气相色谱仪器,该仪器具有分离效能高、灵敏度高、用样量少、适用范围广、定量准确等特点,测量的原始谱图如图 5-2。

二、数据处理与地层含气量估算

数据处理的主要思路是,首先通过实验数据将 1L 钻井液中的含烃量求取出来;而后进行钻井液含气量与气测检测值的拟合;最后进行地层含气量的估算。

(一)钻井液含气量的实验获取方法

将所记录的原始数据与色谱分析的谱图进行积分,求得基础数据,并经过下列步骤依次进行计算。

(1)将洗气后的罐顶气和全脱气样品所得的谱图进行积分,分别获得 C_1、C_2、C_3、iC_4、nC_4、iC_5、nC_5、O_2、N_2 的烃组分积分面积。

(2)由于部分假峰的存在会造成气体比例不准确,将气体主要成分(C_1、C_2、C_3、iC_4、nC_4、iC_5、nC_5、O_2、N_2)的总和峰面积设为 100%,对各组分进行含量百分比校正,校正后的数据分

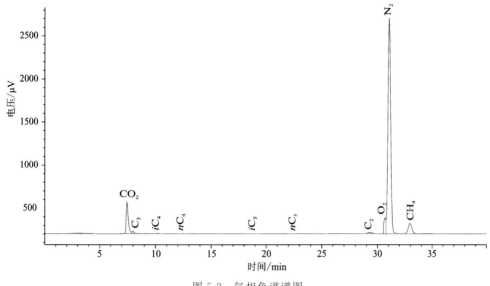

图 5-2 气相色谱谱图

别为 $C_{1校正}$、$C_{2校正}$、$C_{3校正}$、$iC_{4校正}$、$nC_{4校正}$、$iC_{5校正}$ 和 $nC_{5校正}$。

$$C_{i校正} = C_i / \sum(C_i、O_2、N_2) \tag{5-1}$$

式中：$C_{i校正}$ 为烃气组分的校正数据，%；C_i 为烃气组分的色谱峰面积；$\sum(C_i、O_2、N_2)$ 为所有烃类谱峰 C_i、O_2、N_2 的总和峰面积。

（3）计算 1L 钻井液的罐顶气体积和 1L 钻井液全脱气体积。

$$gq = (\pi l r^2 + gd)/\pi(L-l)r^2 \times 1000 \tag{5-2}$$

式中：gq 为 1L 泥浆的罐顶气，mL/L；l 为钻井液液面距密封罐顶面的距离，cm；L 为密封罐内部总高度，cm，本实验为 12cm；r 为密封罐内半径，cm，本实验为 4.5cm；gd 为记录的导出罐顶气体积，mL。

$$tq = [td + (va - md)/vb \times td]/md \times 1000 \tag{5-3}$$

式中：tq 为 1L 泥浆的全脱气含量，mL/L；td 为全脱仪集气管记录的脱出气体量，mL；va 为脱气罐体积，mL，本实验为 460mL；vb 为集气管体积，mL，本实验为 80mL；md 为记录的泥浆进样量，mL。

（4）计算洗气后的罐顶气体积及全脱气体积。

$$gqc = gq \times (gq_{洗气后} - vc)/gq_{洗气前} \tag{5-4}$$

式中：gqc 为样品的 1L 钻井液的洗气后罐顶气总量，mL/L；gq 为公式（5-2）计算的结果，mL/L；$gq_{洗气前}$ 为经过洗气的进气量，mL；$gq_{洗气后}$ 为洗气后剩余体积，mL；vc 为洗气装置的管线体积，本次实验的管线体积 vc 为 0.5mL。

同理，1L 钻井液洗气后的全脱气总量 tqc 与公式（5-4）一致。

（5）将 1L 钻井液洗气后的罐顶气体积和 1L 钻井液洗气后的脱出气体积分别与对应深度样品点的 $C_{1校正}$、$C_{2校正}$、$C_{3校正}$、$iC_{4校正}$、$nC_{4校正}$、$iC_{5校正}$ 和 $nC_{5校正}$ 数据相乘，分别获得每罐样品的罐顶气和脱出气的各烃组分含量。将罐顶气和脱出气的各烃组分含量数据分别加和，获得每个深度样品的总烃量即钻井液的含气量。

$$Gc = \sum (gqc \times C_{id校正} + tqc \times C_{id校正})/100 \qquad (5-5)$$

式中：Gc 为 1L 泥浆的烃气含量，mL/L；gqc、tqc 分别为洗气后罐顶气总量和全脱气总量，mL/L；$C_{id校正}$ 为对应样品的色谱组分百分比，%。

本次研究的数据处理过程主要包括钻井液含气量处理过程及地层含气量处理，主要处理思路见图 5-3。

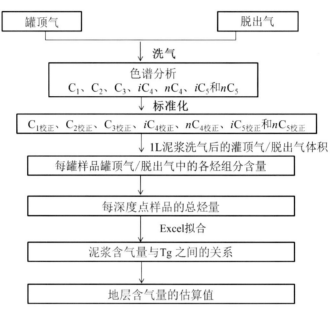

图 5-3 地层含气量估算方法流程图

表 5-1 为选取的一口井的实验数据，有效数据为 12 组，其余 3 组罐顶气逸散，数据无效。可以看出，钻井液含气量一般为 2～40mL/L，主要区间为 5～30mL/L。

表 5-1 某井钻井液含气量实验结果

深度/m	Tg	C_3/ (mL·L^{-1})	iC_4/ (mL·L^{-1})	nC_4/ (mL·L^{-1})	iC_5/ (mL·L^{-1})	nC_5/ (mL·L^{-1})	C_2/ (mL·L^{-1})	C_1/ (mL·L^{-1})	总烃/ (mL·L^{-1})
3404	5.34	0.91	0.40	0.23	0.11	0.04	1.31	10.58	13.58
3406	1.84	0.71	0.28	0.17	0.07	0.04	0.99	6.26	8.52
3576	6.37	0.40	0.18	0.12	0.05	0.02	0.41	2.03	3.20
3605	5.51	0.14	0.94	0.56	0.41	0.22	0.14	0.38	2.78
3709	3.71	1.28	0.54	0.34	0.18	0.11	1.67	15.91	20.04
3721	3.12	1.72	1.00	0.57	0.36	0.16	1.78	14.44	20.02
3723	2.39	1.05	0.59	0.35	0.21	0.10	1.05	9.18	12.52
3726	3.19	0.86	0.33	0.31	0.13	0.12	1.46	6.90	10.11
3365	9.85	5.76	1.50	1.06	0.47	0.26	5.06	23.63	37.73
3404	3.22	3.99	2.46	1.53	0.60	0.29	2.30	4.76	15.92
3511	4.79	1.09	0.37	0.25	0.09	0.04	1.89	15.45	19.18
3738	5.90	2.73	1.27	0.88	0.38	0.19	1.90	5.75	13.09

（二）钻井液含气量与气测检测值的拟合

按现场录井检测仪器参数，建立 Tg 检测值估算钻井液含气量公式。本研究区现场录井使用的是法国 Gcoservices 公司的 Reserval 录井仪器，钻井液流入脱气室的流速恒定为 1500mL/min，从脱气室顶部泵抽脱出气体流速恒定为 500mL/min。再根据录井解释行业标准（SY/T 5969－2005），得到钻井液含气量 Gc 公式为：

$$Gc = 10 \times 500/1500 \times Tg = 3.3 \times Tg \tag{5-6}$$

根据预测模型估算的钻井液含气量与实验获得的含气量进行对比（图 5-4）。由图 5-4 验证可知，根据录井仪器参数推导的钻井液含气量计算公式比较可信，可以由公式（5-6）直接进行钻井液含气量预测。但需要指出的是，本方法适用于水基泥浆，油基泥浆的规律尚不清楚。

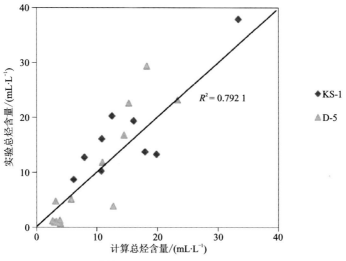

图 5-4　计算总烃含量与实验总烃含量对角线图

（三）地层含气量的估算方法

考虑 Tg 基值、钻时、排量、井径、取心、体积系数的影响，本次研究的地层含气量估算公式为：

$$Qg = \frac{4 \times \text{Flow} \times \text{Rop} \times \text{Corec} \times Gc}{\pi \times \text{D}^2} \times Bg \tag{5-7}$$

式中：Qg 为地层含气量，m^3/m^3；Flow 为钻井液排量，L/min；Rop 为钻时，min/m；Gc 为钻井液含气量[由公式（5-6）计算]，mL/L；D 为井径，mm；Corec 为取心校正系数，取心段数值取 1.28，非取心段数值为 1；Bg 为体积系数，为实验条件与标准条件下的体积换算系数，无量纲。

图 5-5 为一口井的地层含气量计算结果，最右侧的道为计算地层含气量与实际地层含气量的对比。实际地层含气量为全脱气实验获得的钻井液含气量所计算的地层含气量，可以看出，计算地层含气量比较符合实际情况。

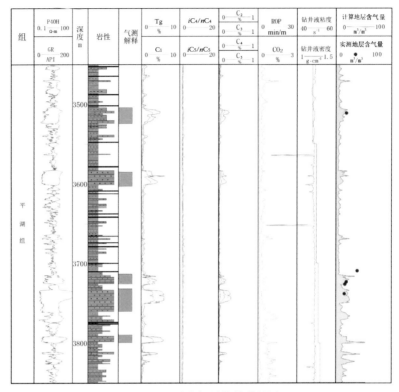

图 5-5　地层含气量估算结果图

三、基于气测录井的产量半定量估算

根据前文得到的地层含气量估算公式，计算多口井的地层含气量值，结果显示，研究区主要目的层的地层含气量为 $1 \sim 20 m^3/m^3$。将测试结论分为高产气层/凝析气层（日产气大于5万 m^3）、中产气层（日产气1万～5万 m^3）、低产气层（日产气小于1万 m^3）、致密层（MDT测试干点或日产小于0.1万 m^3），对于测试层段，将其测试结论按类型进行地层含气量分析，认为高产气层/凝析气层的地层含气量一般 $>4.5 m^3/m^3$（图 5-6）。

一般情况下，高产气层/凝析气层的地层含气量大于 $4.5 m^3/m^3$，致密气层地层含气量 $2 \sim 4.5 m^3/m^3$，气水层地层含气量 $0.4 \sim 2 m^3/m^3$，水层地层含气量小于 $0.4 m^3/m^3$，从统计结果来看，此规律在整个研究区均适用。

将测试结果的日产气当量（包含轻质油及天然气）转化为比采气指数 B，B 的计算公式如下：

$$B = Q/(\Delta P \times h) \tag{5-8}$$

式中：$\Delta P = P_{地层} - P_{井筒}$，MPa；$h$ 为测试层厚度，m；Q 为测试层日产气当量，$10^4 m^3/d$。

计算日产气当量时，首先对研究区重点层位的测试数据进行油嘴校正，一般认为相同条件下，油嘴与日产量呈正比，本次研究以线性校正的方法将日产气当量校正为 11.11mm 油嘴对应的日产气当量。选取重点测试层的数据，一共有9层（表 5-2）。

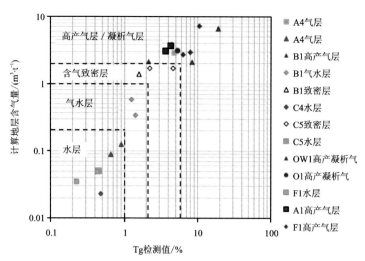

图 5-6　计算地层含气量与 Tg 检测值关系图

表 5-2　主要测试层的比采气指数与计算地层含气量数据

顶深/m	底深/m	二次解释	日产气当量/ ($\times 10^4 m^3 \cdot d^{-1}$)	比采气校正/ ($m^3 \cdot MPa^{-1} \cdot d^{-1} \cdot m^{-1}$)	Tg 检测值/ %	地层含气量/ ($m^3 \cdot m^{-3}$)
3425	3540	高产气层	12.0	111.54	3.63	5.32
3806	3927	高产气层	58.0	928.67	4.25	7.37
3739	3803	高产气层	54.0	6917.76	2.15	5.55
3681	3737	高产气层	39.0	742.18	4.43	9.97
3350	3366	高产凝析气层	26.0	1777.05	8.40	5.34
3415	3435	高产凝析气层	26.5	871.10	5.26	7.82
4150	4168	高产气层	19.0	245.64	5.22	6.85
4116	4141	高产凝析气层	26.0	1809.59	8.00	7.47
4184	4202	高产凝析气层	48.5	3816.23	10.66	18.21

　　研究区主要测试层的日产气当量为 $(10\sim50)\times10^4 m^3/d$,根据测试工程参数,其比采气指数为 $200\sim4000 m^3/(MPa \cdot d \cdot m)$,计算的地层含气量一般为 $5\sim20\ m^3/m^3$,将数据点作图,可以看出,测试层比采气指数与计算地层含气量呈线性关系(图 5-7)。

　　由图 5-7 拟合比采气指数与地层含气量的统计关系为:
$$B = 268.25 \times Qg - 1\ 196.7 \tag{5-9}$$
式中:B 为比采气指数,$m^3/(MPa \cdot d \cdot m)$;$Qg$ 为地层含气量[由公式(5-7)计算获取],m^3/m^3。

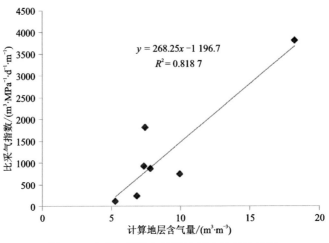

图 5-7　比采气指数与计算地层含气量关系图

本次研究进行 E1 井的计算比采气与实际比采气的对比(表 5-3)。E1 井进行 2 个层段的地层测试,其中,上部测试层 3 223.4～3242m,厚度 18.6m,测试比采气为 2850 m³/(MPa·d·m),计算比采气为 3565 m³/(MPa·d·m),计算值略高;下部测试层 3310～3 317.3m,厚度7.3m,测试比采气为 1850 m³/(MPa·d·m),计算比采气 1620 m³/(MPa·d·m),计算与实际基本吻合。

表 5-3　E1 井两个测试层段的实际与计算比采气指数的对比

顶深/ m	底深/ m	厚度/ m	二次 解释	日产气当量/ ($\times 10^4$ m³·d⁻¹)	比采气校正/ (m³·MPa⁻¹·d⁻¹·m⁻¹)	地层含气量/ (m³·m⁻³)	计算比采气指数/ (m³·MPa⁻¹·d⁻¹·m⁻¹)
3 223.4	3242	18.6	高产凝 析气层	80.5	2850	17.75	3565
3310	3 317.3	7.3	高产凝 析气层	17.5	1850	10.5	1620

综合来看,经过钻井液脱气实验校准后的计算公式,计算的地层含气量精度较高,产能预测也有一定的可信度,可以考虑进行大范围推广。

第二节　低孔低渗储层含气性测井定量评价技术

一、低孔低渗储层岩电规律实验研究

（一）地层因素与孔隙度关系研究

图 5-8 为东海地区 35 块岩样的地层因素与孔隙度之间的关系,从图中可以看出,孔隙度

的变化范围为 0.06～0.2,地层因素的变化范围为 14～50,变化范围较大。地层因素与孔隙度乘幂拟合的相关系数 R 约为 0.879(在拟合公式中未使用图中符号为 * 的数据点),相关系数较高,拟合的岩性系数 a 值为 2.1831,胶结指数 m 值为 1.1843,与常见的 a 为 0.6～1.5 和 m 为 1.5～3 的变化范围相差很大。虽然公式相关性较好,但图中数据点存在一定分散性,可能是由于不同区域或层组储层岩性、物性和孔隙结构之间的差别引起的,故应分区分层位研究地层因素与孔隙度之间的关系。

$$y = 2.183\,1x^{-1.184\,3}$$
$$R^2 = 0.772\,9$$

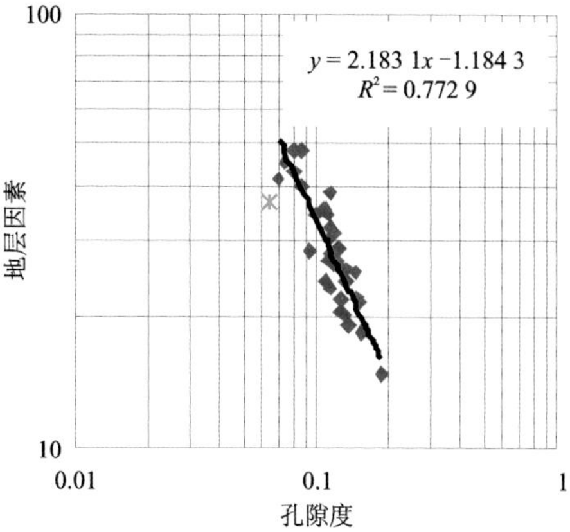

图 5-8　东海地区地层因素与孔隙度交会图

1. A 区地层因素与孔隙度关系研究

图 5-9 给出了 A 区 17 块岩样的地层因素与孔隙度的交会图。从图中看出,孔隙度的变化范围为 0.06～0.2,地层因素的变化范围为 14～50,A 区地层因素与孔隙度的相关系数 R 约为 0.96(在拟合公式中未使用图中符号为 * 的数据点),相关性好,但当孔隙度小于 0.08 时,样品点偏离正常趋势线。针对 A 区样品分散的情况,按照各岩心所处层位进行分层研究 a、m 的变化规律。图 5-10 为 A 区花港组 10 块岩样的地层因素与孔隙度的交会图,花港组的 10 块岩心分别取自 I 井的 3 个层位。从图中看出,A 区花港组的孔隙度变化范围为 0.1～0.2,地层因素变化范围为 14～32,变化范围较小,地层因素与孔隙度的相关性很好,相关系数 R 约为 0.973。图 5-11 为 A 区平湖组 7 块岩样的地层因素与孔隙度的交会图,平湖组的 7 块岩样均取自 II 井的 3 843.8～3 859.7m 的层位,该层位的岩性变化不大,孔隙度波动较小,无法建立合理的地层因素与孔隙度之间的关系式。

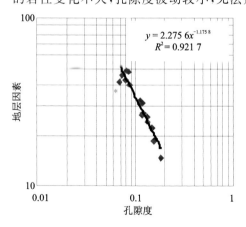

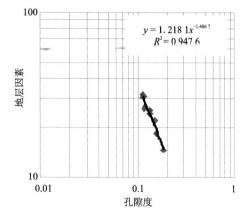

图 5-9　A 区 17 块岩样地层因素与
　　　　孔隙度交会图

图 5-10　A 区花港组地层因素与
　　　　　孔隙度交会图

2. B 区地层因素与孔隙度关系研究

图 5-12 给出了 B 区 18 块岩样的地层因素与孔隙度的交会图,B 区的 18 块岩样分别取自某 3 口井的 4 个层位,从图中看出,B 区岩心孔隙度变化范围为 0.09～0.15,地层因素与孔隙

度数据点分散，相关性差，相关系数 R 约为 0.637。

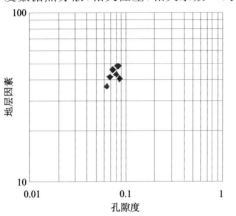 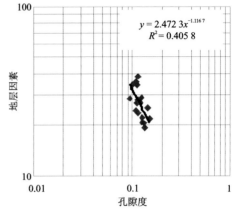

图 5-11　A 区平湖组地层因素与孔隙度交会图　　　图 5-12　B 区 18 块岩样地层因素与孔隙度交会图

（二）胶结指数 m 变化规律研究

由于低孔低渗储层孔隙结构比较复杂，使得储层的 a、m 受其影响较大，其值范围明显不同于高孔高渗储层的 a、m 值。由于 a 与 m 之间有一定约束关系，因此，令 $a=1.0$，求取每块岩样的胶结指数 m，从而研究胶结指数的变化规律。胶结指数的控制因素主要为孔隙度、渗透率、泥质含量。定义孔渗综合指数为：

$$孔渗综合指数 = \sqrt{\frac{K}{\phi \times 100}} \qquad (5-10)$$

图 5-13、图 5-14、图 5-15 分别是东海地区 35 块岩样的胶结指数与孔隙度、渗透率、孔渗综合指数的交会图。由图 5-13 可知，m 值随孔隙度的增大而增大，但数据点分散，相关性差；m 与渗透率和孔渗综合指数相关性不好，数据点非常分散，没有明显的规律。图 5-16 为东海地区 35 块岩样中的 29 块岩样胶结指数与泥质含量交会图，由图可知胶结指数和泥质含量无明显关系。

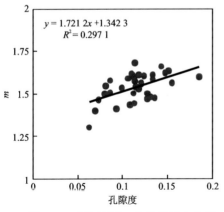 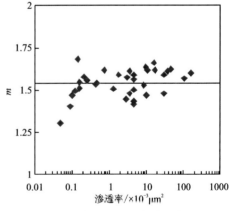

图 5-13　东海地区 m 与孔隙度交会图　　　　　图 5-14　东海地区 m 与渗透率交会图

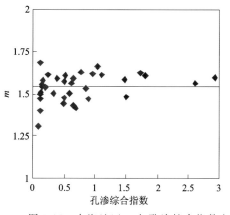

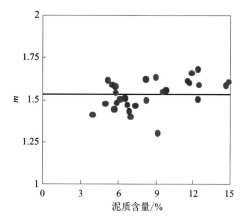

图 5-15　东海地区 m 与孔渗综合指数交会图

图 5-16　东海地区 m 与泥质含量交会图

1. A 区胶结指数 m 变化规律研究

图 5-17 是 A 区 17 块岩样的胶结指数与孔隙度交会图,从图中看出,当孔隙度小于 0.09 时,m 值随孔隙度的增大而增大,且相关性很好,直线拟合的相关系数为 0.940;但当孔隙度大于 0.09 时,m 值变化较稳定,几乎不受孔隙度的影响,m 平均值为 1.585。图 5-18 是 A 区胶结指数与渗透率交会图,当渗透率小于 $0.3 \times 10^{-3} \mu m^2$ 时,m 值随渗透率的增大迅速增大,拟合公式的相关系数为 0.982;当渗透率大于 $0.3 \times 10^{-3} \mu m^2$ 时,m 值变化较稳定。图 5-19 是 A 区胶结指数与孔渗综合指数交会图,当孔渗综合指数小于 0.2 时,m 值受孔渗综合指数的影响较大,随孔渗综合指数的增大而增大,拟合公式的相关系数 R 约为 0.970。通过分析可知,当地层孔渗较差时,由于地层的孔隙结构较复杂,导致 m 值受孔隙结构的影响较大,m 值随孔隙度、渗透率、孔渗综合指数的增大而迅速增大。图 5-20 为 A 区 17 块岩样中的 12 块岩样的胶结指数与泥质含量交会图,由图可知胶结指数和泥质含量无明显关系。

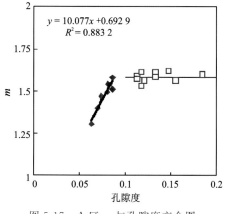

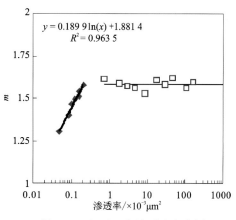

图 5-17　A 区 m 与孔隙度交会图

图 5-18　A 区 m 与渗透率交会图

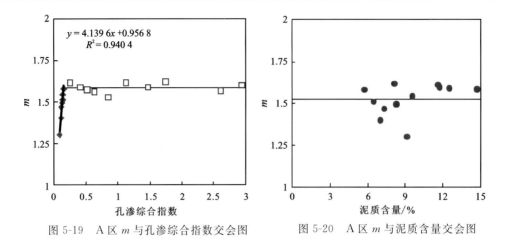

图 5-19　A 区 m 与孔渗综合指数交会图　　　图 5-20　A 区 m 与泥质含量交会图

2. B 区胶结指数 m 变化规律研究

图 5-21、图 5-22、图 5-23、图 5-24 分别给出了 B 区胶结指数与孔隙度、渗透率、孔渗综合指数、泥质含量的交会图。从图中看出,胶结指数与孔隙度、渗透率、孔渗综合指数以及泥质含量均没有明显的规律性,m 的平均值为 1.541。

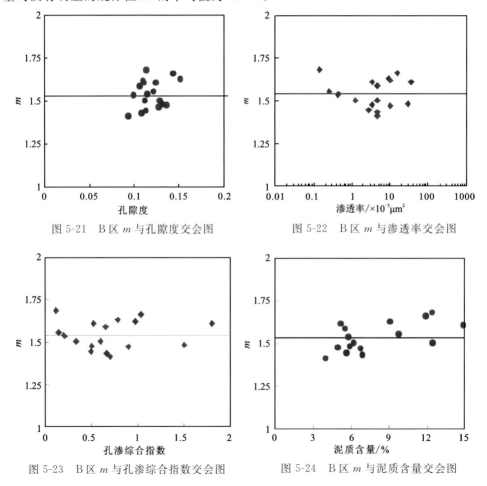

图 5-21　B 区 m 与孔隙度交会图　　　　图 5-22　B 区 m 与渗透率交会图

图 5-23　B 区 m 与孔渗综合指数交会图　　　图 5-24　B 区 m 与泥质含量交会图

综上所述，A区花港组胶结指数变化较小，可以取平均值1.585。A区平湖组的孔隙度胶结指数与孔隙度、渗透率、孔渗综合指数的相关性较好。B区孔隙度胶结指数与孔隙度、渗透率、孔渗综合指数均没有明显的规律性。

（三）电阻增大系数与含水饱和度关系研究

图5-25是35块岩样的电阻增大系数与含水饱和度关系图，从图中看出，回归饱和度指数 n 值为1.867 6，与岩性有关的系数 b 值为0.971 3，且拟合公式相关性好，相关系数 R 约为0.985。图5-26为利用回归公式计算的含水饱和度与岩心分析含水饱和度的对比图，计算含水饱和度与岩心分析含水饱和度的平均绝对误差为2.5％，平均相对误差为3.6％，相关系数为0.986。

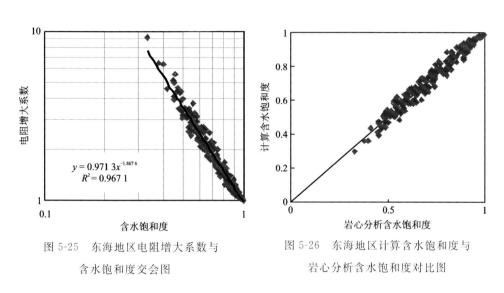

图5-25　东海地区电阻增大系数与　　　　图5-26　东海地区计算含水饱和度与
　　　　含水饱和度交会图　　　　　　　　　　　　　岩心分析含水饱和度对比图

1. A区电阻增大系数与含水饱和度关系研究

图5-27为A区电阻增大系数与含水饱和度关系。A区的 n、b 值分别为 $-1.880\ 3$ 和 0.955 8，拟合公式的相关系数为0.990。分区拟合后，A区的相关系数比整体拟合时的相关系数略有提高。图5-28为利用该回归公式计算的A区含水饱和度与岩心分析含水饱和度的对比图，计算含水饱和度与岩心分析含水饱和度的平均绝对误差为2.2％，平均相对误差为2.2％，相关系数 R 约为0.990，比整体回归公式计算的精度提高。计算A区花港组的含水饱和度平均绝对误差为2.1％，平均相对误差为3.2％，相关系数为0.991；计算A区平湖组的含水饱和度平均绝对误差为2.2％，平均相对误差为2.5％，相关系数 R 约为0.981。

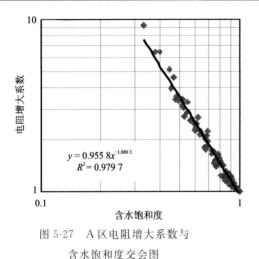

图 5-27　A 区电阻增大系数与
含水饱和度交会图

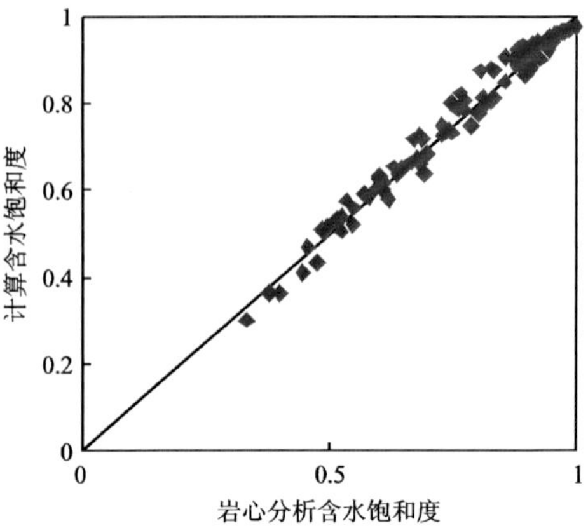

图 5-28　A 区计算含水饱和度与岩心分析
含水饱和度对比图

2. B 区电阻增大系数与含水饱和度关系研究

图 5-29 为 B 区的电阻增大系数与含水饱和度关系。B 区的 n、b 值分别为 $-1.843\ 5$ 和 $0.988\ 8$,拟合公式的相关系数 R 约为 0.977。图 5-30 为利用回归公式计算的 B 区含水饱和度与岩心分析含水饱和度的对比图,计算含水饱和度与岩心分析含水饱和度的平均绝对误差为 2.6%,平均相对误差为 4.0%,相关系数 R 约为 0.982。

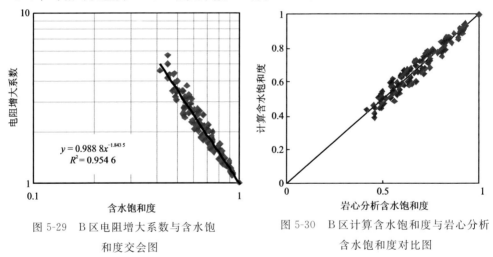

图 5-29　B 区电阻增大系数与含水饱
和度交会图

图 5-30　B 区计算含水饱和度与岩心分析
含水饱和度对比图

（四）饱和度指数 n 变化规律研究

图 5-31 给出了东海地区饱和度指数与孔隙度的关系图。从图中看出,饱和度指数随孔隙度的增大而增大,相关系数 R 约为 0.807,但数据点分散。图 5 32 给出了东海地区饱和度指数与渗透率的关系图。从图中看出,饱和度指数与渗透率相关性较差,当渗透率小于 $1.0\times 10^{-3}\ \mu m^2$ 时,饱和度指数随渗透率的增大明显增大,回归公式的相关系数 R 约为 0.767;但当渗透率大于 $1.0\times 10^{-3}\ \mu m^2$ 时,数据点分散,饱和度指数随渗透率没有明显的变化规律。图 5-33 给出了饱和度指数与孔渗综合指数的关系图,由于孔渗性变差对孔隙结构的影响较

大,因此当孔渗综合指数小于 0.9 时,饱和度指数随孔渗综合指数的增大迅速增大,拟合公式的相关系数 R 约为 0.896 ;当孔渗综合指数大于 0.9 时,随孔渗综合指数的增大,饱和度指数增大幅度减小,拟合公式的相关系数 R 约为 0.854 (在拟合公式中未使用图中符号为 $*$ 的数据点)。

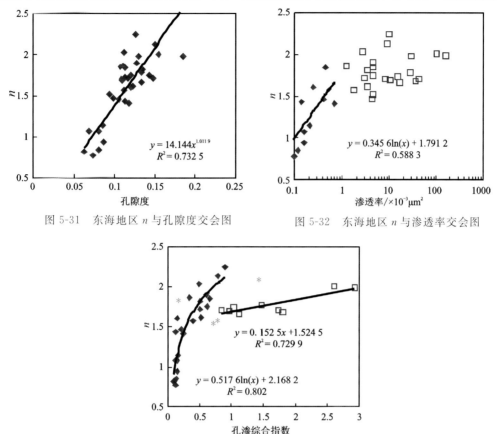

图 5-31　东海地区 n 与孔隙度交会图　　　　图 5-32　东海地区 n 与渗透率交会图

图 5-33　东海地区 n 与孔渗综合指数交会图

1. A 区饱和度指数变化规律研究

图 5-34、图 5-35、图 5-36 分别为 A 区饱和度指数与孔隙度、渗透率和孔渗综合指数的交会图。由图可知饱和度指数与三者的相关性较好,相关系数 R 分别约为 0.916、0.947、0.916。说明该区饱和度指数受孔、渗影响较大,可由孔隙度与渗透率及孔渗综合指数求得。

图 5-37、图 5-38、图 5-39 分别为 A 区花港组饱和度指数和孔隙度、渗透率、孔渗综合指数的交会图。由图可知,饱和度指数与孔隙度、渗透率、孔渗综合指数的相关系数 R 分别约为 0.746、0.87、0.865,相关性较好,该组储层的饱和度指数可以由孔隙度、渗透率及孔渗综合指数求得。

2. B 区饱和度指数变化规律研究

图 5-40、图 5-41、图 5-42 分别为 B 区饱和度指数和孔隙度、渗透率、孔渗综合指数的交会

图。该区的饱和度指数的变化范围在1.4~2.24之间,平均值为1.768;饱和度指数随孔隙度增大而增大,与渗透率、孔渗综合指数的规律性差,数据点分散,无法建立统一的数学关系表达式。

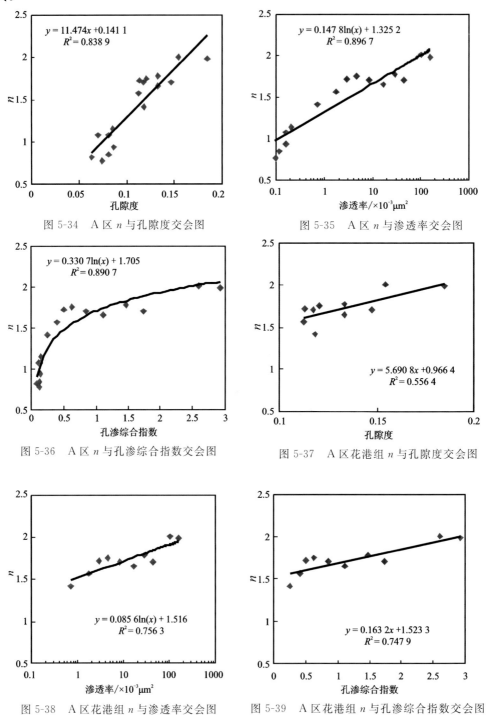

图5-34　A区 n 与孔隙度交会图　　图5-35　A区 n 与渗透率交会图

图5-36　A区 n 与孔渗综合指数交会图　　图5-37　A区花港组 n 与孔隙度交会图

图5-38　A区花港组 n 与渗透率交会图　　图5-39　A区花港组 n 与孔渗综合指数交会图

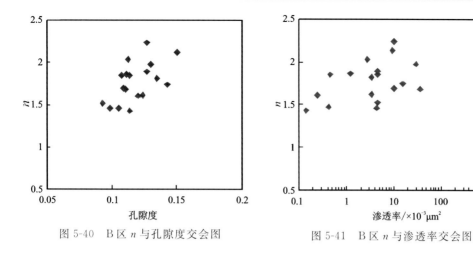

图 5-40　B 区 n 与孔隙度交会图　　　　图 5-41　B 区 n 与渗透率交会图

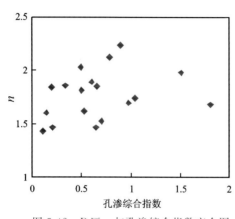

图 5-42　B 区 n 与孔渗综合指数交会图

（五）b 值变化规律研究

图 5-43、图 5-44、图 5-45 分别为东海地区 b 值与孔隙度、渗透率、孔渗综合指数的交会图。由图可知，b 值变化范围较集中，平均值为 1.002。

1. A 区 b 值变化规律研究

图 5-46、图 5-47、图 5-48 分别为 A 区 b 值与孔隙度、渗透率、孔渗综合指数的交会图。该区 b 值稳定，平均值为 0.999。

2. B 区 b 值变化规律研究

图 5-49、5-50、5-51 分别为 B 区 b 值与孔隙度、渗透率、孔渗综合指数的交会图。该区 b 值稳定，平均值为 0.989。

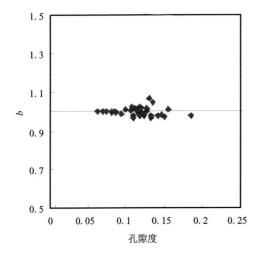

图 5-43　东海地区 *b* 与孔隙度交会图

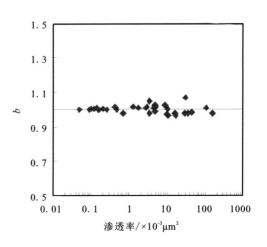

图 5-44　东海地区 *b* 与渗透率交会图

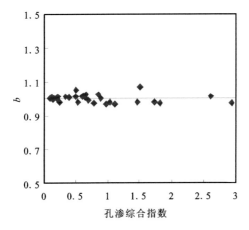

图 5-45　东海地区 *b* 与孔渗综合指数交会图

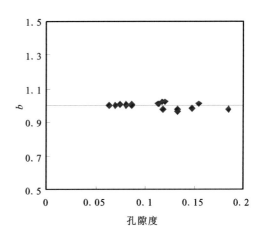

图 5-46　A 区 *b* 与孔隙度交会图

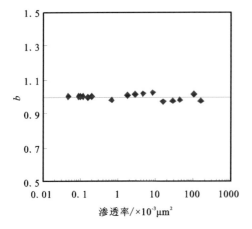

图 5-47　A 区 *b* 与渗透率交会图

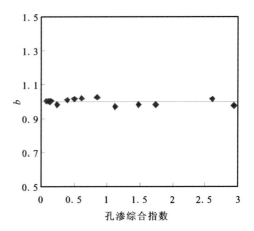

图 5-48　A 区 *b* 与孔渗综合指数交会图

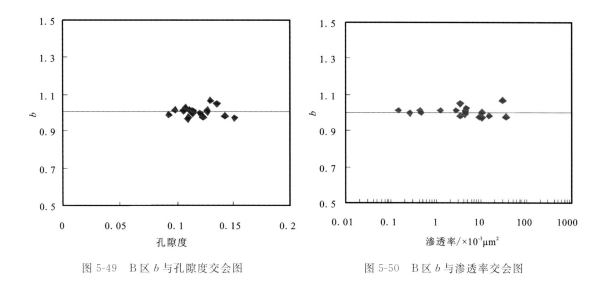

图 5-49 B区 b 与孔隙度交会图　　　　　　　　图 5-50 B区 b 与渗透率交会图

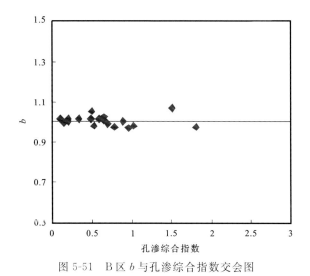

图 5-51 B区 b 与孔渗综合指数交会图

（六）不同水型的岩电规律研究

图 5-52～图 5-56 分别给出了 5 块岩样对应 $NaHCO_3$ 水型和 $CaCl_2$ 水型的电阻增大系数与含水饱和度的交会图。其中 $NaHCO_3$ 水型的矿化度为 7000mg/L，而 $CaCl_2$ 水型的矿化度为 15 000mg/L。由图可知，对于同一块岩样，不同水型和矿化度的电阻增大系数与含水饱和度规律基本重合，且拟合得出的饱和度指数 n 和 b 值差别很小（表 5-4），因此水型和矿化度变化对饱和度指数 n 与 b 值没有影响，这与阿尔奇理论相符。

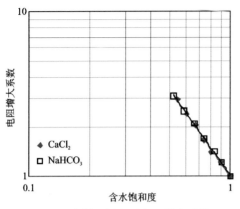

图 5-52 a-1 岩样不同水型电阻增大系数
与含水饱和度交会图

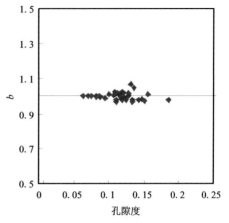

图 5-53 a-12 岩样不同水型电阻增大系数
与含水饱和度交会图

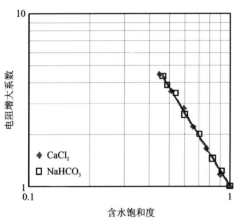

图 5-54 B2-1 岩样不同水型电阻增大系数
与含水饱和度交会图

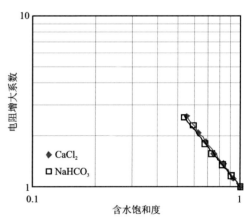

图 5-55 B4-2 岩样不同水型电阻增大系数
与含水饱和度交会图

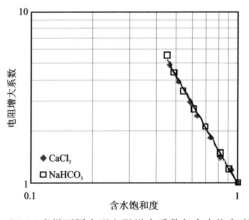

图 5-56 B5-11 岩样不同水型电阻增大系数与含水饱和度交会图

表 5-4   不同水型电阻增大系数与含水饱和度拟合关系式

岩样号	水型	拟合公式	n	b	相关系数
a-1	$CaCl_2$	$I = 0.986\ 3 \times S_w^{\ 1.784\ 9}$	1.76	0.99	0.999
	$NaHCO_3$	$I = 1.013\ 7 \times S_w^{\ -1.717}$	1.72	1.01	0.999
a-12	$CaCl_2$	$I = 0.997\ 1 \times S_w^{\ -2.075\ 7}$	2.08	1.00	0.999
	$NaHCO_3$	$I = 0.977\ 3 \times S_w^{\ -1.982\ 4}$	1.98	0.98	0.998
B2-1	$CaCl_2$	$I = 0.994\ 2 \times S_w^{\ -1.895\ 6}$	1.90	0.99	0.998
	$NaHCO_3$	$I = 1.015\ 1 \times S_w^{\ -1.893\ 6}$	1.89	1.02	0.999
B4-2	$CaCl_2$	$I = 0.992\ 2 \times S_w^{\ -1.606\ 2}$	1.61	0.99	0.999
	$NaHCO_3$	$I = 0.989\ 6 \times S_w^{\ -1.519\ 6}$	1.52	0.99	0.999
B5-11	$CaCl_2$	$I = 0.973\ 5 \times S_w^{\ -2.093\ 9}$	2.09	0.97	0.999
	$NaHCO_3$	$I = 0.973\ 7 \times S_w^{\ -2.126\ 6}$	2.13	0.97	0.998

二、低孔低渗储层含水饱和度评价

（一）基于高温高压岩电实验的西门度含水饱和度模型

1. 高温高压岩电参数

常温常压条件即在实验室中模拟的地表条件,常温常压岩电实验指在地表温压条件下进行岩电数据测量,由于实际地层压力、温度与地表压力、温度存在较大差异,在常温常压条件下得到的岩电参数不能反映地层真实情况。因此在实验室中模拟地层高温高压条件进行岩电实验,得到的岩电参数更加准确,由此计算的含油(气)饱和度更加接近于实际地层情况。

图 5-57 是某区块 H3 段高温高压条件下地层因素与孔隙度关系,由图可见,$a = 1.039\ 4$,$m = 1.6$;图 5-58 是某区块 H3 段高温高压条件下电阻率指数与含水饱和度的关系,由图可见,$b = 1.003\ 9$,$n = 1.678$;图 5-59 是某区块 H3 段高温高压条件下 C2－C1 与孔隙度关系图,由图可见,$b = 1.105\ 3$,$n = 1.780\ 7$。

2. 西门度公式计算含水饱和度

由于某地区储层电阻率受到泥质含量的影响较大,其值明显低于正常气层水平,对于含水饱和度的准确计算有较大影响,因而在计算低渗气层的含水饱和度时,应考虑泥质含量的影响。本次在长江大学高温高压岩电资料基础上,采用西门度公式计算含水饱和度:

$$\frac{1}{R_t} = \frac{\phi^m S_w^2}{aR_w(1 - V_{sh})} + \frac{V_{sh}^{alfa} S_w}{R_{sh}} \tag{5-11}$$

式中：R_{sh} 为泥岩电阻率，$\Omega \cdot m$；V_{sh} 为泥质含量；其中 $alfa$ 为经验值，这里取 1.5；S_w 为含水饱和度。

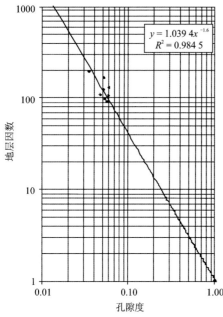

图 5-57 某区块 H3 层段高温高压条件下
地层因素与孔隙度关系

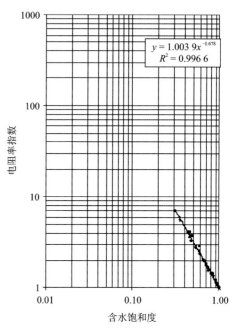

图 5-58 某区块 H3 层段高温高压条件下
电阻率指数与含水饱和度关系

当利用式（5-11）计算含水饱和度时，需重新计算岩电参数。

由式（5-11）可得到（当 $S_w = 1$ 时，$R_o = R_t$）：

$$\frac{R_w}{R_o}(1 - V_{sh}) - \frac{R_w}{R_{sh}} \times V_{sh}{}^{alfa} \times (1 - V_{sh}) = \frac{\phi^m}{a} \tag{5-12}$$

$$F = \frac{R_o}{R_w} \tag{5-13}$$

$$I = \frac{R_t}{R_o} = \frac{1}{S_w^n} \tag{5-14}$$

将式（5-13）带入式（5-12）中得到：

$$\frac{1}{F}(1 - V_{sh}) - \frac{R_w}{R_{sh}} \times (1 - V_{sh}) \times V_{sh}{}^{1.5} = \frac{\phi^m}{a} \tag{5-15}$$

式（5-13）、（5-14）、（5-15）中，F 为地层因素，I 为电阻率增大指数，由式（5-14）可知，n 值不受泥质含量的影响，与由阿尔奇公式得到的相同（b 值为 1，实测值非常接近于 1）。由式（5-15）可知，若考虑泥质含量的影响，a 与 m 值将与由阿尔奇公式得到的不同。因此需要利用式（5-14）重新回归 a 值与 m 值。在这一过程中，各样品的泥质含量若有实验室分析结果，则利用实验室分析结果，否则利用测井计算泥质含量结果。表 5-5 为某区西门度公式回归岩电参数表。

表 5-5　某区区块 H3(H5)段高温高压西门度公式回归岩电参数表

层段	井名	取样深度/m	F	孔隙度/%	ϕ	V_{sh}	$R_{sh}/\Omega \cdot m$	$R_w/\Omega \cdot m$	$1-V_{sh}$	C2	C1	C2－C1
H3	A-1	4 320.60	107.41	4.8	0.048	0.079	3.2	0.158	0.921	0.008 6	0.001 0	0.007 6
H3	A-1	4 327.10	90.13	5.6	0.056	0.048	3.2	0.158	0.952	0.010 6	0.000 5	0.010 1
H3	A-1	4 329.60	97.52	5.3	0.053	0.038	3.2	0.158	0.962	0.009 9	0.000 4	0.009 5
H3	A-1	4 330.10	105.02	5.9	0.059	0.039	3.2	0.158	0.961	0.009 2	0.000 4	0.008 8
H3	A-5	4 332.40	120.46	5.1	0.051	0.09	3.2	0.15	0.91	0.007 6	0.001 2	0.006 4
H3	A-5	4 334.45	162.28	5.2	0.052	0.12	3.2	0.15	0.88	0.005 4	0.001 7	0.003 7
H3	A-5	4 335.15	193.40	3.5	0.035	0.2	3.2	0.15	0.8	0.004 1	0.003 4	0.000 8
H3	A-5	4 337.37	128.16	6.0	0.06	0.005 5	3.2	0.15	0.995	0.007 8	0.000 0	0.007 7
H5	A-2	4 602.95	106.44	5.3	0.053	0.079	2.8	0.145	0.921	0.008 7	0.001 1	0.007 6
H5	A-2	4 605.91	80.70	6.3	0.063	0.067	2.8	0.145	0.933	0.011 6	0.000 8	0.010 7
H5	A-2	4 611.05	86.96	6.1	0.061	0.067	2.8	0.145	0.933	0.010 7	0.000 8	0.009 9
H5	A-5	4 613.58	91.65	7.4	0.074	0.012	2.8	0.145	0.988	0.010 8	0.000 1	0.010 7
H5	A-5	4 608.20	168.06	3.4	0.034	0.026	2.8	0.145	0.974	0.005 8	0.000 2	0.005 6
H5	A-5	4 612.14	110.42	5.4	0.054	0.21	2.8	0.145	0.79	0.007 2	0.003 9	0.003 2
H5	A-5	4 615.95	107.28	5.0	0.05	0.18	2.8	0.145	0.82	0.007 6	0.003 2	0.004 4
H5	A-5	4 618.04	104.59	5.4	0.054	0.22	2.8	0.145	0.78	0.007 5	0.004 2	0.003 3

表 5-4 中：

$$C2 = \frac{1}{F}(1-V_{sh}) \tag{5-16}$$

$$C1 = \frac{R_w}{R_{sh}} \times (1-V_{sh}) \times V_{sh}^{1.5} \tag{5-17}$$

利用表 5-5 回归可得出某区块 H3(H5)层段关系式为：

$$y = 1.105\ 3x^{1.780\ 7} \tag{5-18}$$

即 $\dfrac{1}{a} = 1.105\ 3$、$m = 1.780\ 7$，得出回归结果为：$a = 0.904\ 7$，$m = 1.780\ 7$。

图 5-60 为某井 4317～4353m 层段含水饱和度结果对比图。图中第 8 道为含水饱和度，其中红色线为基于高温高压岩电参数，采用阿尔奇公式计算的含水饱和度，蓝色线为基于高温高压岩电参数，采用西门度公式计算的含水饱和度，绿色杆状线为密闭取心刻度含水饱和度。从图 5-60 可以看出，在泥质含量较高的低渗-致密纯砂岩储层段，高温高压西门度公式计算含水饱和度与密闭取心刻度含水饱和度吻合更好，计算精度更高。

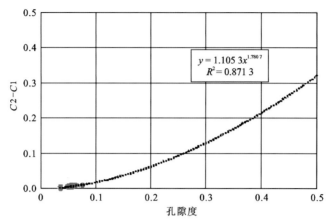

图 5-59　某区块 H3(H5)段高温高压条件下 C2－C1 与孔隙度关系图

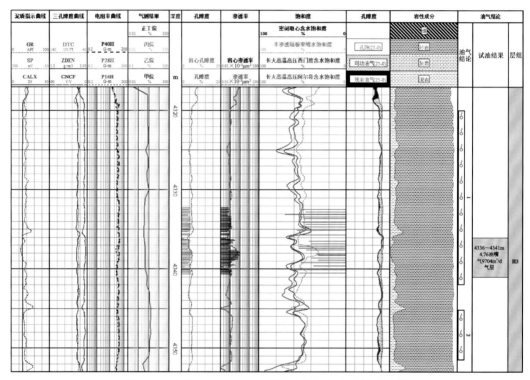

图 5-60　某井 4317～4353m 层段含水饱和度结果对比图

图 5-61 为某井 H4b 段西门度含水饱和度计算结果和密闭取心含水饱和度对比图。图中第 9 道为含水饱和度道,其中蓝色线为基于高温高压岩电参数,采用西门度公式计算的含水饱和度,绿色杆状线为密闭取心刻度含水饱和度。从图 5-61 同样可以看出,在泥质含量较高的低渗-致密纯砂岩储层段,高温高压西门度公式计算含水饱和度与密闭取心刻度含水饱和度吻合较好,计算精度较高。

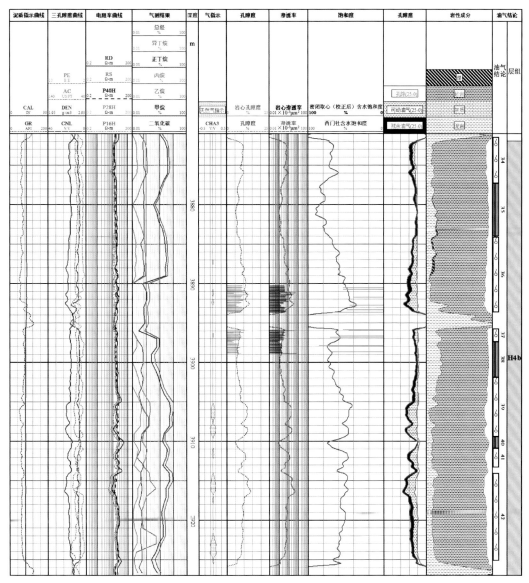

图 5-61　某井 H4b 段西门度含水饱和度和密闭取心含水饱和度对比图

（二）变 m 值饱和度模型研究

1. 岩石胶结指数 m 值的影响因素

建立同时反映岩石孔隙度和孔隙曲折度的岩石物理模型（图 5-62），设 L 表示岩石标本的测量长度，l 表示岩石的毛细管长度，T 代表孔隙曲折度。

根据 Wyllie 和 Rose 关于孔隙曲折度 T 的定义式，有：

$$T = (l/L)^2 \tag{5-19}$$

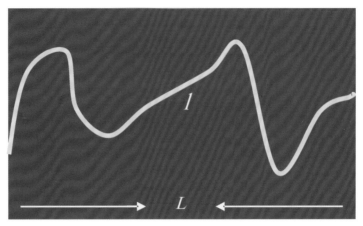

图 5-62　同时反映岩石孔隙度和孔隙曲折度岩石物理模型

根据宏观欧姆定律，可以得到地层因素 F 和曲折度 T 之间的关系，即：

$$F = \frac{\sqrt{T}}{\phi} = \frac{1}{\phi^m} \tag{5-20}$$

由此可得：

$$\sqrt{T} = \phi^{1-m} \tag{5-21}$$

$$m = 1 - \log_{\phi}^{\sqrt{T}} = 1 - \frac{1}{2}\frac{\lg T}{\lg\phi} \tag{5-22}$$

从该结果可以看出，m 指数与孔隙度和曲折度有关，孔隙度越大，m 指数越大；曲折度越大，m 指数越小。

2. 孔隙度对 m 值影响

在孔隙结构异常复杂的低渗-致密砂岩储层中，微孔隙的孔隙度、束缚水的孔隙度等孔隙度均在一定程度上影响胶结指数 m 值的大小，因此胶结指数 m 在该类型储层中并不是固定值，而是与孔隙度存在一定关系的变值。基于这一理论基础可以提出随孔隙度变化的变 m 值饱和度模型。

为分析某地区岩石胶结指数 m 值与孔隙度的关系，统计该地区多口井的岩心岩电实验和岩心孔渗测量结果进行分析。图 5-63 是某些井常温常压岩电实验获得的胶结指数 m 和岩心分析孔隙度关系图，由图可以看出，常温常压胶结指数与岩心孔隙度具有较好的正相关关系，胶结指数随孔隙度的增大而增大，与前文岩石胶结指数 m 值的影响因素分析结论一致。

图 5-64 是某区块内多口井高温高压岩电实验获得的胶结指数 m 值和岩心分析孔隙度关系图，由图可以看出，高温高压胶结指数与岩心孔隙度具有较好的正相关关系，胶结指数随孔隙度的增大而增大，与前文岩石胶结指数 m 值的影响因素分析结论一致。

因此，在某地区孔隙结构复杂的低渗-致密储层含水饱和度评价中，可采用变 m 饱和度模型，根据图 5-63 和图 5-64 中胶结指数与孔隙度关系，拟合宁波地区变 m 值计算公式（图 5-65）为：

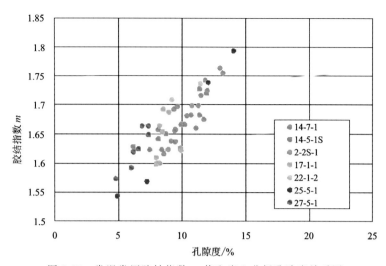

图 5-63　常温常压胶结指数 m 值和岩心分析孔隙度关系图

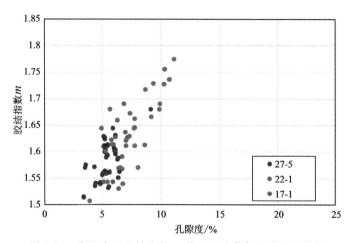

图 5-64　高温高压胶结指数 m 值和岩心分析孔隙度关系图

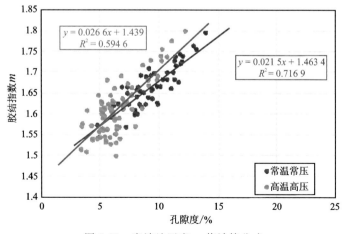

图 5-65　宁波地区变 m 值计算公式

常温常压变 m 值

$$m = 0.021\ 5\phi + 1.463\ 4 \qquad\qquad R^2 = 0.716\ 9 \qquad\qquad (5\text{-}23)$$

高温高压变 m 值

$$m = 0.026\ 6\phi + 1.439 \qquad\qquad R^2 = 0.594\ 6 \qquad\qquad (5\text{-}24)$$

3. 西门度饱和度模型

由于某地区储层电阻率受泥质含量的影响较大,其值明显低于正常气层水平,对于含水饱和度的准确计算有较大影响,因而在计算低渗气层的含水饱和度时,应考虑泥质含量的影响。在高温高压岩电资料基础上,采用西门度公式,使用高温高压变 m 值计算含水饱和度,其公式如下:

$$S_w = \frac{a \times R_w}{2 \times \phi^m} \left[\sqrt{\frac{4\phi^m}{R_w \times R_t} + \left(\frac{V_{sh}}{R_{sh}}\right)^2} - \frac{V_{sh}}{R_{sh}} \right]^{2/n} \qquad\qquad (5\text{-}25)$$

式中:R_t 为地层真电阻率,$\Omega \cdot$ m;V_{sh} 为地层泥质含量;R_{sh} 为泥岩电阻率,$\Omega \cdot$ m;ϕ 为地层有效孔隙度;R_w 为地层水电阻率,$\Omega \cdot$ m;a 为岩性系数;m 为胶结指数;n 为饱和度指数。

4. 基于数字岩心的变 m 值饱和度模型

从连通孔隙度与胶结指数 m 理论值的关系看出,数字岩心 m 理论值整体上随孔隙度增大而增大,与理论上 m 胶结指数和孔隙度关系一致,也与该地区岩石物理实验分析 m 胶结指数和孔隙度关系一致。

由式阿尔奇变换得到 m 表达式如下:

$$m = \frac{\lg\left(\dfrac{a}{F}\right)}{\lg(\phi)} \qquad\qquad (5\text{-}26)$$

式(5-26)可以视为 m 值与地层因素和孔隙度相关函数,将其变形为如式(5-27)的简化形式后,m 值仍为与地层因素与孔隙度相关的函数。

$$m = x \times \ln F + y \times \ln\phi \qquad\qquad (5\text{-}27)$$

阿尔奇公式显示 F 与孔隙度的倒数相关,在式(5-27)中将 F 替换成 $100/\phi$ 来计算,得到一个从阿尔奇公式演变而来、只受孔隙度影响的胶结指数 m 计算公式,即只有孔隙度一个自变量的变 m 值公式,即

$$m = x \times \lg\frac{100}{\phi} + y \times \lg\phi \qquad\qquad (5\text{-}28)$$

根据样品 1~4 连通孔隙度与胶结指数 m 理论值数据,回归拟合出数字岩心变 m 值计算公式如下:

$$m = 0.8\lg\frac{100}{\phi} + \lg\phi \qquad\qquad (5\text{-}29)$$

图 5-66 为某井 H3 段基于数字岩心的变 m 值利用西门度公式计算的含水饱和度测井综合解释成果图。图中第 8 道为含水饱和度,其中红色线为基于数字岩心的变 m 值西门度公式

计算的含水饱和度,蓝色线为岩电实验定 m 值西门度公式计算的含水饱和度,绿色杆状线为岩心分析含水饱和度。从图中可以看出,在孔隙结构相对均质的层位,变 m 和定 m 值计算的含水饱和度基本一致,但在泥质含量较低的低渗-致密纯砂岩储层段,孔隙结构相对复杂,比如 $4336 \sim 4340\mathrm{m}$ 层段,变 m 值西门度模型计算的含水饱和度与密闭取心含水饱和度吻合更好,计算精度更高。

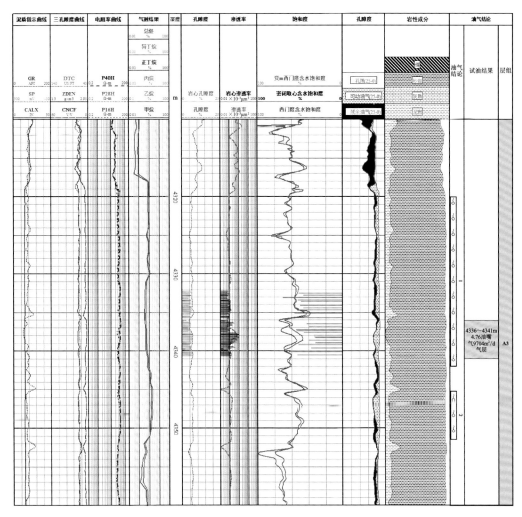

图 5-66　某井 H3 段利用变 m 值计算含水饱和度测井解释综合图

(三)地层因素-中值半径饱和度模型

中值半径是表征储集层孔隙结构的一个重要参数,而核磁共振测井提供了精确的储层孔隙度和丰富的孔隙结构方面的信息,为中值半径的计算提供了有利途径。从图 5-67 中可以看出,中值半径和地层因素确实存在一定的负相关关系,当岩石具有较小的中值半径时,其地层因素 F 值较大;反之,地层因素 F 值变小。

基于这一统计结果,可以建立中值半径和地层因素的关系式,为得到饱和度结果,接下来

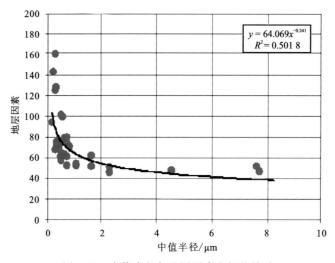

图 5-67 中值半径与地层因素之间的关系

需建立含水饱和度和地层因素的关系式。由阿尔奇公式可知饱和度的表达式为：

$$S_w^n = \frac{abR_w}{\phi^m R_t} = F\frac{bR_w}{R_t} \qquad (5-30)$$

上式中的地层水电阻率和地层电阻率分别可从地层水分析资料和测井资料中获得。那么要准确得到储层的含水饱和度，只需确定地层因素 F，基于式(5-30)即可计算出储层的含水饱和度。由图 5-67 可知，确定了储层的中值半径即可得到储层的地层因素 F。中值半径可基于核磁测井资料转换的伪毛管压力数据获得。

图 5-68 为某井 H3b 层利用 F-RC50 饱和度模型（详细介绍参见第七章）计算的含水饱和度测井综合解释成果图。图 5-68 中第 8 道为含水饱和度，其中红色线 SWF 为基于渗透率利用 F-RC50 饱和度模型计算的含水饱和度；蓝色线 SWE_NMR_F 为核磁测井伪毛管压力曲线换算的中值半径 RC50，再利用 F-RC50 饱和度模型计算的含水饱和度；黑色线 SWE 为定 m 值利用西门度公式计算的含水饱和度，其余杆状线为密闭取心含水饱和度。从图 5-68 中可以看出 3550m 以上气层，3 种方法计算的含水饱和度基本一致，且与岩心分析结果吻合较好；3550m 以下层段，定 m 值西门度模型计算含水饱和度 SWE 约为 65%，依据此结果判断该层段为油水同层，但本井 3553～3572m 段进行 DST 测试，25.4mm 油嘴，日产气少量，日产水441.8m³，测试结论为水层，解释结论与测试结论不符。但该段利用 F-RC50 饱和度模型计算的含水饱和度超过 80%，依据此结果判断该层为水层，解释结论与测试结论一致，说明 F-RC50饱和度模型更加适用于低渗-致密储层，对水层解释效果尤为明显。

三、束缚水饱和度评价

储层的束缚水与岩石孔隙毛细管力的大小以及岩石对流体的润湿性密切相关，主要反映了储层流体与岩石之间综合特性，束缚水饱和度是区分不同流体性质，分析储层产液性能；计算相对渗透率和产水率的关键参数。因此，束缚水饱和度计算的准确程度直接影响着油气层

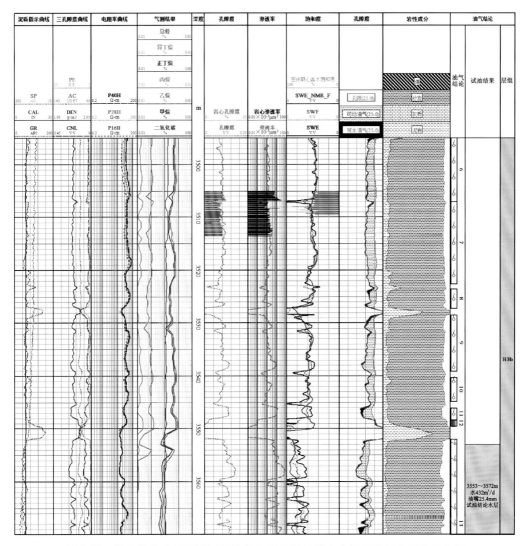

图 5-68　某井 H3b 层利用 F-RC50 饱和度模型计算含水饱和度测井解释综合图

测井评价的精度。影响束缚水饱和度的因素很多，主要有孔隙度、渗透率、泥质含量、孔喉半径以及粒度中值等。

（一）束缚水饱和度建模方法研究

目前，束缚水饱和度尚不能用常规测井手段直接获得，可以通过密闭取心、相渗、压汞、核磁等岩石物理实验确定，进而通过标定寻找相关参数建立模型，也可以借助核磁共振测井有效识别可动流体与束缚流体的独特优势来确定。结合压汞、相渗、核磁等实验分析，利用核磁测井确定束缚水饱和度常采用 T_2 谱面积比值法、称重法、SBVI 法、统一 T_2 截止值法以及综合物性参数模型等。其中，T_2 谱面积比值法和称重法可以通过直接测量获得，而 SBVI 法、统一 T_2 截止值法和综合物性指数模型法用于间接确定。

（1）T_2 谱面积比值法。束缚水饱和度是指岩样离心的 T_2 谱面积与饱和的 T_2 谱面积之比,也可表示为饱和岩样的核磁 T_2 谱曲线上,小于 T_2 截止值的那部分 T_2 谱面积与岩样整个 T_2 谱面积的比值。束缚水饱和度乘以孔隙度即为束缚水体积,实际处理中,关键是 T_2 截止值的确定。

(2)称重法。分别测量岩样干重、水中重(浮重)、饱含水重量(湿重)、离心后重量,可以按下式计算岩样束缚水饱和度:岩样束缚水含量(%)=岩样总含水量-[(湿重-离心后重量)/(湿重-干重)]×100。

(3)T_2 谱系数法(SBVI)。假定孔隙中所包含的束缚水在弛豫时间的每一项中都有所贡献,弛豫时间不同,相应的束缚水体积也就不同。因此,只要确定每个弛豫时间项中束缚水体积所占比例,并给出各个 T_2 组分的束缚水权系数 W_i,束缚水饱和度就可以表达为:$S_{wirr} = \sum W_i T_{2i}$,其中,$W_i = 100/(a \times T_{2i} + 1)$。该方法的关键是如何确定权系数 a,常采用统计的方法。

(4)统一 T_2 截止值法。该方法的基本原理类似于 T_2 谱面积比值法,只是 T_2 截止值采用的是所有岩样的平均值。

(5)综合物性指数模型法。该方法是一种基于经验统计的方法,主要是通过岩样核磁共振实验分析获得的束缚水饱和度与储层综合物性参数建立的一种束缚水饱和度计算模型。

虽然核磁测井能够提供可动流体、束缚流体等信息,为束缚水饱和度提供有利依据,但是受到核磁测井资料的限制,不能广泛开展应用。考虑到研究区岩心分析资料充足,因此选用岩心分析束缚水饱和度,建立能够广泛推广的束缚水饱和度计算模型。

确定油气藏储层水饱和度公认的最准确的方法是通过油基泥浆钻井取心或密闭取心岩心在实验室通过实验获得。在没有油基泥浆钻井取心或密闭取心的情况下,只能采用间接的实验室分析测试手段来解决。实验室分析实验中,国内外公认的最准确的方法是半渗透隔板法气(油)水毛细管压力测定技术,其次是相渗透率实验,再次是核磁、离心等实验结果;此外还可以通过压汞等手段来间接获得,而水基泥浆钻井取心得到的储层水饱和度则是一个残余水饱和度,只能作为一个参考值。

如图 5-69 所示,在 3 个研究井区分析核磁、离心和气水相渗实验测定的束缚水饱和度与储层品质因子 RQI 的变化关系可以发现:核磁资料相关性差,且影响因素较多,规律不稳定,束缚水饱和度参数不可靠;离心资料相关性较好,但规律性差,受到实验因素和人为因素影响大,束缚水饱和度变化剧烈;而相渗资料相关性高,规律性稳定,实验可信度高,束缚水饱和度变化范围合理。综合以上分析,最终选择气水相渗实验提供的束缚水饱和度分析数据在不同井区进行束缚水饱和度建模。

1. A 井区

在西湖凹陷 A 井区开展束缚水饱和度建模,优选气水相渗实验获得的束缚水饱和度数据。

如图 5-69(a)所示,束缚水饱和度与 RQI 关系明显,计算模型见式(5-31)。为了提高模型的广泛适用性,引入了泥质含量参数参与束缚水饱和度建模,如图 5-70 所示,计算模型见式(5-32)。由以上两种模型分析可知,束缚水饱和度与 RQI 成反比、与泥质含量成正比,据此可以建立综合的束缚水饱和度计算模型,见式(5-33)。

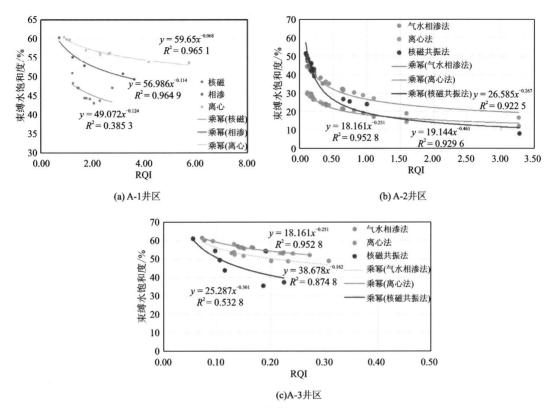

(a) A-1井区

(b) A-2井区

(c)A-3井区

图 5-69　不同井区不同实验束缚水饱和度数据与 RQI 关系分析

$$S_{wi} = 56.986 \times \left(\frac{K}{\phi}\right)^{-0.114} \qquad R = 0.98 \qquad (5\text{-}31)$$

$$S_{wi} = 31.669 \times \left(\frac{1}{V_{sh}}\right)^{-0.228} \qquad R = 0.82 \qquad (5\text{-}32)$$

$$S_{wi} = 46.29 \times \left(\frac{K}{\phi} \cdot \frac{1}{V_{sh}}\right)^{-0.083} \qquad R = 0.96 \qquad (5\text{-}33)$$

综合束缚水饱和度模型计算误差分析见图 5-71,平均绝对误差为±5.0％,平均相对误差为 10％。如图 5-72 所示 A 井区束缚水饱和度计算效果图,束缚水饱和度计算结果与岩心分析结果对应较好,计算精度比较理想,为储层流体识别和生产开发提供了较为可靠的依据。

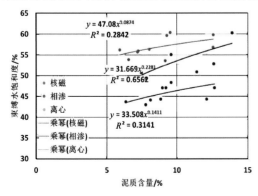

图 5-70　A 井区不同实验束缚水饱和度数据与 RQI 关系分析

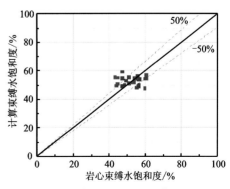

图 5-71　束缚水饱和度计算误差分析

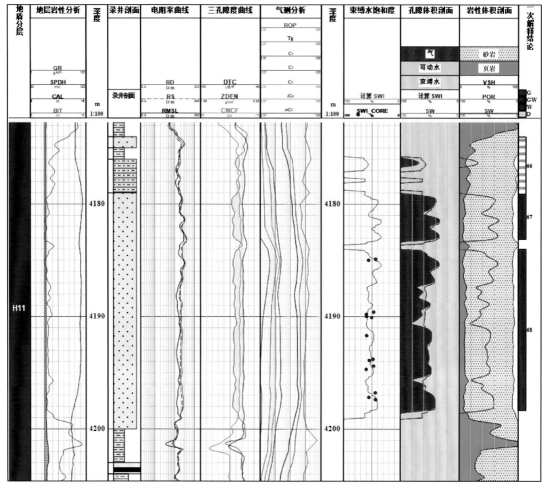

图 5-72　A 井区束缚水饱和度计算效果

从建立的束缚水饱和度计算综合模型可以看出，束缚水饱和度与储层孔隙度和泥质含量成反比，与储层渗透率成正比关系。该计算模型具有广泛的适用性，因此在研究区 7 个井区开展推广研究，分别建立不同井区渗透率计算模型。

2. B 井区

在 B 井区建立束缚水饱和度计算模型。如图 5-73(a)所示，相渗实验分析束缚水饱和度与储层品质因子 RQI 反比关系明显，计算模型见式(5-34)；如图 5-73(b)所示，相渗实验分析束缚水饱和度与泥质含量正比关系明显，计算模型见式(5-35)。据此建立综合的束缚水饱和度计算模型，见式(5-36)。综合束缚水饱和度模型计算误差分析见图 5-73(c)，平均绝对误差为 ±5.6%，平均相对误差为 13%。

$$S_{wi} = 28.796 \times \left(\frac{K}{\phi}\right)^{-0.125} \qquad R = 0.97 \qquad (5\text{-}34)$$

$$S_{wi} = 33.025 \times \left(\frac{1}{V_{sh}}\right)^{-0.154} \qquad R = 0.74 \qquad (5\text{-}35)$$

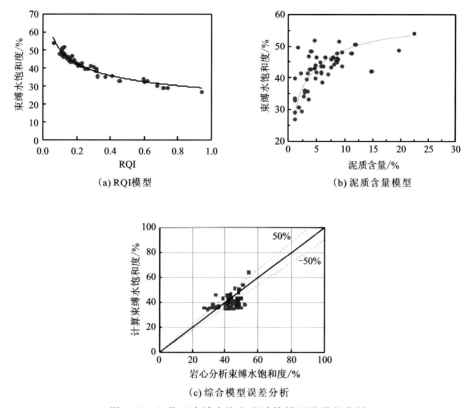

图 5-73 B 井区束缚水饱和度计算模型及误差分析

$$S_{wi} = 20.82 \times (\frac{K}{\phi} \cdot \frac{1}{V_{sh}})^{-0.076} \qquad R = 0.93 \tag{5-36}$$

3. C 井区

在 C 井区建立束缚水饱和度计算模型。如图 5-74(a)所示,相渗实验分析束缚水饱和度与储层品质因子 RQI 反比关系明显,计算模型见式(5-37);如图 5-74(b)所示,相渗实验分析束缚水饱和度与泥质含量正比关系明显,计算模型见式(5-38)。据此建立综合的束缚水饱和度计算模型,见式(5-39)。综合束缚水饱和度模型计算误差分析见图 5-74(c),平均绝对误差为±5.3%,平均相对误差为 13%。

$$S_{wi} = 59.07 \times (\frac{K}{\phi})^{-0.091} \qquad R = 0.91 \tag{5-37}$$

$$S_{wi} = 15.008 \times (\frac{1}{V_{sh}})^{-0.4578} \qquad R = 0.91 \tag{5-38}$$

$$S_{wi} = 47.236 \times (\frac{K}{\phi} \cdot \frac{1}{V_{sh}})^{-0.079} \qquad R = 0.93 \tag{5-39}$$

（二）束缚水饱和度计算效果检验

为检验束缚水饱和度计算效果,在研究区密闭取心井某井中验证束缚水饱和度计算结果

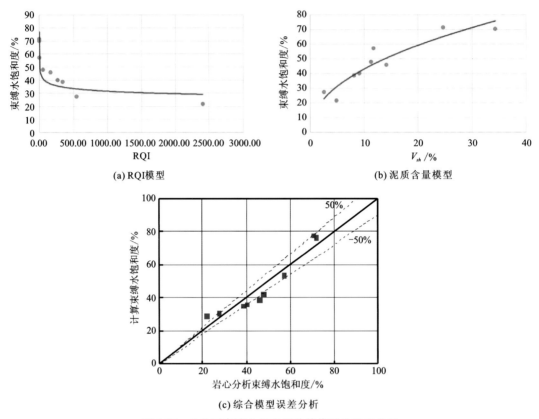

图 5-74　C 井区束缚水饱和度计算模型及误差分析

的可靠性。同样利用以上束缚水饱和度建模思路，利用该井相渗分析实验得到的束缚水饱和度与 RQI 及泥质含量建立综合束缚水饱和度计算模型，利用该井纯气层密闭取心分析检验计算结果。

在该井建立束缚水饱和度计算模型，如图 5-75(a)所示，相渗实验分析束缚水饱和度与储层品质因子 RQI 反比关系明显，计算模型见式(5-40)；如图 5-75(b)所示，相渗实验分析束缚水饱和度与泥质含量正比关系明显，计算模型见式(5-41)。据此建立综合的束缚水饱和度计算模型，见式(5-42)。综合束缚水饱和度模型计算误差分析见图 5-75(c)，平均绝对误差为 $\pm 2.3\%$，平均相对误差为 0.85%。

$$S_{wi} = 45.65 \times \left(\frac{K}{\phi}\right)^{-0.087} \qquad R = 0.97 \qquad (5\text{-}40)$$

$$S_{wi} = 28.507 \times \left(\frac{1}{V_{sh}}\right)^{-0.1419} \qquad R = 0.73 \qquad (5\text{-}41)$$

$$S_{wi} = 38.38 \times \left(\frac{K}{\phi} \cdot \frac{1}{V_{sh}}\right)^{-0.063} \qquad R = 0.96 \qquad (5\text{-}42)$$

在该井中利用建立的综合束缚水饱和度模型计算束缚水含量，计算效果如图 5-76 所示。其中在束缚水饱和度道中绿色岩心点为相渗分析束缚水饱和度，与计算束缚水饱和度吻合很好，3 504.98~3 513.63m 为密闭取心井段，蓝色点为密闭取心分析含水饱和度，在 53 号纯气

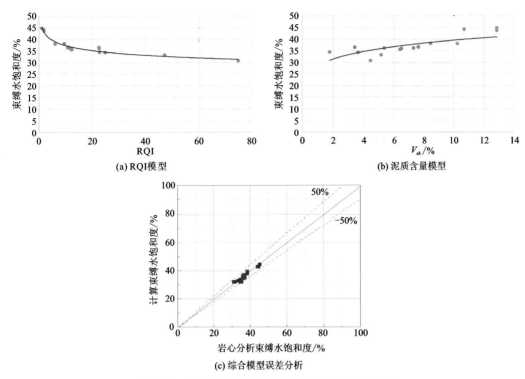

(a) RQI模型 (b) 泥质含量模型

(c) 综合模型误差分析

图 5-75 某井区束缚水饱和度计算模型及误差分析

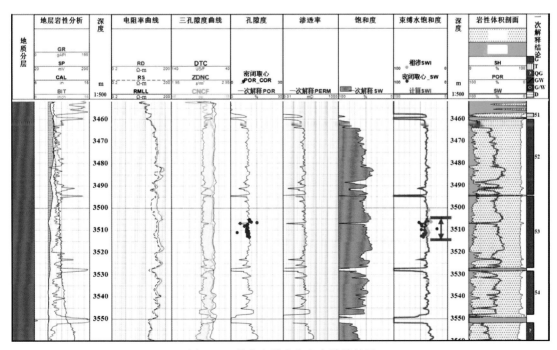

图 5-76 某井束缚水饱和度计算效果

层中间段,认为纯气层分析含水饱和度即为束缚水饱和度,计算束缚水饱和度与分析含水饱和度差别不大,大部分数据点均在计算束缚水饱和度附近,验证了建立的综合束缚水饱和度模型计算结果的可靠性。

综合以上研究成果,在研究区共 6 个井区以气水相渗分析实验建立了综合束缚水饱和度计算模型(表 5-6),部分井区受实验资料限制不能建立模型,但可以参考相邻层位和工区计算。已建立的模型精度普遍能达到 0.9 以上,达到了储层束缚水饱和度计算的要求,为区分不同流体性质,分析储层产液性能,计算相对渗透率和产水率等关键参数提供了可靠依据。

表 5-6 各井区束缚水饱和度计算模型统计

井区	层位	计算模型	相对系数
A	花港组	$S_{wi} = 20.82 \times \left[(K/\phi) \cdot (1/V_{sh}) \right]^{-0.076}$	$R = 0.93$
B	花港组	$S_{wi} = 46.26 \times \left[(K/\phi) \cdot (1/V_{sh}) \right]^{-0.083}$	$R = 0.96$
C	花港组	$S_{wi} = 25.71 \times \left[(K/\phi) \cdot (1/V_{sh}) \right]^{-0.076}$	$R = 0.90$
D	花港组	$S_{wi} = 38.38 \times \left[(K/\phi) \cdot (1/V_{sh}) \right]^{-0.063}$	$R = 0.96$
E	花港组	$S_{wi} = 40.45 \times \left[(K/\phi) \cdot (1/V_{sh}) \right]^{-0.046}$	$R = 0.90$
F	平湖组	$S_{wi} = 47.24 \times \left[(K/\phi) \cdot (1/V_{sh}) \right]^{-0.079}$	$R = 0.93$

在储层束缚水饱和度建模方法研究过程中,可以明显看到不同井区和层位的储层段物性、含油气性、孔隙结构等特征的差异性,正是这些差异的存在才导致了不同束缚水饱和度模型的存在,甚至相同井区的不同层位或许也存在不同的模型。因此为了能够全面评价储层特征,建立更好、更精确的束缚水饱和度等其他参数的计算模型,样本点选取的全面性值得考虑。用于建模的样本点应包含不同级别的储层,甚至泥岩储层,这样建立的区域性模型才能适用于全类型的储层,在参数计算时得到更准确的结果。

在研究区此次束缚水饱和度建模时,不难发现岩心均来自储层物性相对较好、含气性好、泥质含量低的储层,因此束缚水饱和度分析结果跨度较小、差异性小,测井响应特征差异也小,给模型的建立带来了困难,模型的精度和计算结果也达不到更高的要求。因此在这里建议:岩心取样/实验点应分布于不同类型储层,压汞、核磁等实验选取同样要遍及不同储层,而不止物性好、含气高的储层,应包含含气性差、物性差、泥质含量高的储层,否则样品参数点过于集中,建模精度受到影响,且不利于参数建模的普遍效果。

第六章　低孔低渗储层渗透性及产能预测技术

第一节　低孔低渗储层渗透性精细评价方法

渗透率是反映储层渗流能力大小的重要参数,其对成藏过程中油气的运移以及油气的勘探开发至关重要。普遍认为渗透率与孔隙度呈正相关关系,但不同地区的模型略有差异,主要原因是渗透率的影响因素众多,其中孔隙度是影响渗透率最重要的因素,此外还包括孔隙结构、孔喉半径、孔隙连通性和流体类型等,不同地区和层位储层的地质特征和储层特征不同,其渗透率特征和计算模型也千差万别。为此需要建立适用于不同地区和不同层位储层的渗透率计算公式,这对指导研究区的油气勘探具有重要的意义。

目前在渗透率评价中存在一定困难,主要原因是储层的纵横向非均质性和储层孔隙结构的巨大差异导致在相同孔隙度条件下,渗透率跨度可能达到一个数量级以上,传统的测井渗透率计算方法难以达到储层精细评价的要求。

本次研究在充分调研渗透率计算方法的前提下,在部分试点井区中应用 10 种方法计算了储层渗透率,最终优选了流动单元带的方法,在研究区多个井区进行推广,提高了渗透率的计算精度。

一、渗透率影响因素分析

本书通过整理压汞分析、粒度分析、物性分析和岩心分析实验数据,总结了储层孔隙度、泥质含量、粒度中值、粒度均值、平均孔喉半径、喉道分选系数和排驱压力对渗透率的影响。

如图 6-1(a)所示(图中 MD 为粒度中值),储层孔隙度是渗透率最直接的影响因素,一般情况下渗透率与孔隙度成正比关系,但同时受到众多其他因素的影响,导致该关系规律性差,其中粒度是至关重要的参数。从图中可知,粒度越粗,渗透率越大,当粒度逐渐变细时,渗透率变低,且孔渗关系变得越复杂,孔渗相关性很差,因此需要进一步研究多种因素的影响。

如图 6-1(b)所示,泥质与渗透率有明显的反比关系,泥质含量越低,岩性越纯,储层渗透率越大。同样从图 6-1(c)~(g)可知,粒度中值和平均孔喉半径与渗透率成正比关系,粒度均值和排驱压力与渗透率成反比关系,喉道分选系数与渗透率关系不明显。其中平均孔喉半径与渗透率关系显著,进而又分析了其与泥质含量的关系,如图 6-1(h)所示,平均孔喉半径与泥质含量成反比关系,但相关性一般。

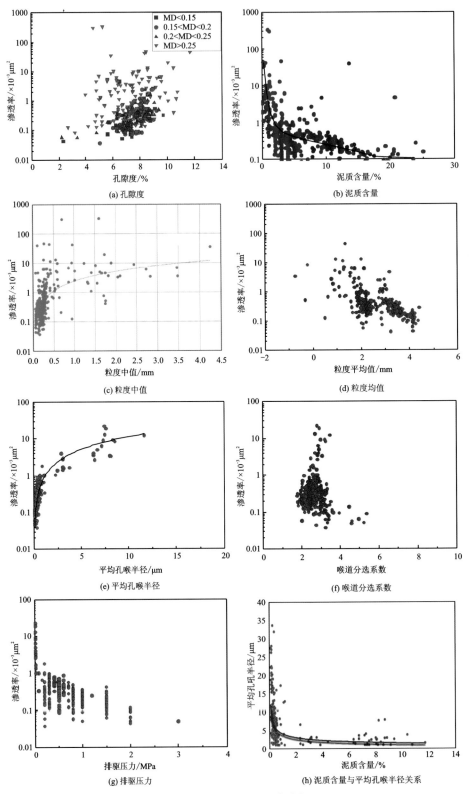

图 6-1 渗透率影响因素分析

综合以上分析,可以发现储层渗透率与实验分析的一些参数有明显的相关性,如粒度中值、粒度均值、平均孔喉半径和排驱压力等,但是在实际的测井评价中,很难与测井参数结合计算储层渗透率,普遍只是进行定性分析,而泥质含量参数能够直接与测井参数建立联系,因此在测井评价渗透率时,需要应用泥质含量参数来提高储层渗透率测井计算的精度。

二、渗透率建模方法研究

本次研究在充分调研渗透率计算方法的前提下,在部分试点井区中应用 10 种方法计算了储层渗透率,最终优选了流动单元带的方法,在研究区多个井区进行推广,提高了渗透率的计算精度。下面进行详细介绍。

1. 孔渗拟合法

渗透率与孔隙度具有明显的相关性,因此孔渗拟合法是在获得储层孔隙度的前提下,计算储层渗透率最简单的方法之一。如图 6-2 所示为 F-1 井区不同层位的孔渗交会图。

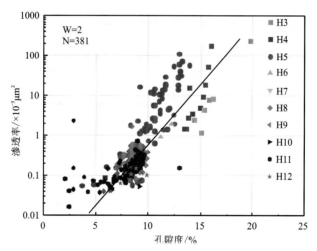

图 6-2 F-1 井区不同层位孔隙度与渗透率关系

(图中 W 为井数,N 为样品点数,下同)

从图中可知,F-1 井区不同层位孔隙度差异很大,尤其在花港组下段,孔隙度极低,孔渗相关性较差。总体孔渗具有一定相关性,可以初步建立模型计算储层渗透率,但精度较低,计算模型见式(6-1)。

$$K = 0.001\,5\mathrm{e}^{0.611\,5\phi} \qquad R = 0.78 \qquad\qquad (6\text{-}1)$$

2. Timur 公式法

Timur 公式是测井中常用的渗透率计算经验公式,见式(6-2)。其中 ϕ 为孔隙度,S_{wi} 为束缚水饱和度,C 为系数,默认值为 0.136。经验公式具有一定的适用性,为了更加适应研究区的储层特征,结合相渗实验提供的束缚水饱和度以及岩心孔渗数据,通过系数拟合,得到了适应 F-1 井区低孔渗储层的 Timur 公式系数 C 为 0.027,相关系数 R 为 0.89,提高了 Timur 公式在研究区计算渗透率的精度和适用性。

$$K = C \cdot \frac{\phi^{4.4}}{S_{wi}^2} \qquad R = 0.89 \qquad (6\text{-}2)$$

应用该方法计算储层渗透率时可以给定储层束缚水饱和度的平均值,但也会直接影响渗透率计算精度。在储层束缚水饱和度模型确定以后,可以应用实际计算的束缚水饱和度在全井段计算储层渗透率。如图 6-3 所示为渗透率计算误差分析图,可以发现应用随储层变化的束缚水饱和度计算的渗透率,相对误差从 46.8% 减少到 35.8%。

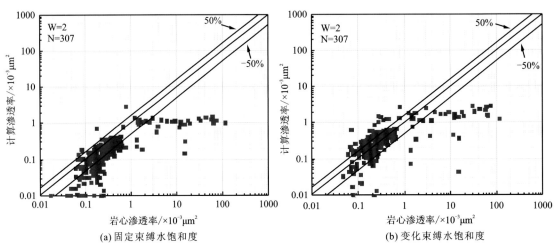

图 6-3　F-1 井区 Timur 公式计算渗透率误差分析

3. 地层因数法

地层因素与地层渗透率有着密切而直接的关系,渗透率实质上与孔隙分布的弯曲程度有直接关系。含水纯岩石体积物理模型导出的电阻率响应方程为:

$$\frac{R_0}{R_w} = \frac{1}{\phi}(\frac{L_w}{L})^2 \qquad (6\text{-}3)$$

式中:L_w 为电流通过等效孔道长度;L 为孔道长度。

对于给定的完全含水的纯岩石,其有效孔隙度 ϕ 是固定的,其孔隙结构以及与孔隙结构相关的比值 L_w/L 也是不变的,因为含水纯岩石的电阻率与其孔隙中地层水电阻率 R_w 的比值即地层因素 F 也是不变的,于是得到:

$$F = f(\frac{L_w}{L}, \phi) \qquad (6\text{-}4)$$

所以地层因素是孔隙度和孔隙分布弯曲程度的关系式。理论上分析,渗透率与地层因素具有密切关系。早在 1985 年,T. Kwader 就基于岩心实验数据分析得出了渗透率与地层因素 F 有直接关系,后来更是建立了利用地层因素直接计算渗透率的关系式。该方法在国外也受到了众多学者和专家的青睐,只是目前为止,国内运用的比较少。

本次研究统计研究区岩电实验数据,得到不同井区地层因数与渗透率的关系,如图 6-4 所示。应用该模型可在研究区计算储层渗透率,该方法的重点和难点是地层因素 F 的计算,在实际应用中,地层因数 F 可根据阿尔奇公式按照式(6-5)反算,岩性系数 a 和胶结指数 m 可以根据层位和井区选用固定值。

$$F = R_0 / R_w = a/\phi^m \qquad (6-5)$$

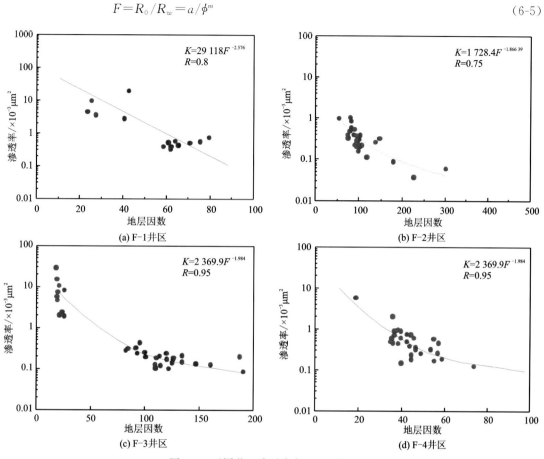

图 6-4　不同井区渗透率与地层因数关系

在不同井区建立地层因数与渗透率的关系,统计 F-1 井区渗透率计算误差,如图 6-5 所示,该方法可提供新的渗透率计算模型,但计算精度有限。

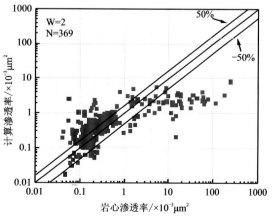

图 6-5　F-1 井区地层因数法计算渗透率误差分析

4. 核磁 Timur-Coates 模型法

Timur-Coates 模型是应用核磁共振测井最常用的渗透率计算方法之一，具体计算公式见式(6-6)：

$$K = A \cdot \phi_{me}^{B} \cdot (\phi_{mf} / \phi_{mb})^{C} \tag{6-6}$$

式中：A、B、C 为系数，默认值分别为 1、4、2；ϕ_{me}、ϕ_{mf}、ϕ_{mb} 分别为核磁总孔隙度、自由流体孔隙度和束缚流体孔隙度。

5. 核磁 SDR 模型法

SDR 模型是应用核磁共振测井资料最常用的渗透率计算方法之一，具体计算公式见式(6-7)：

$$K = A \cdot \phi_{me}^{B} \cdot T_{2gm}^{C} \tag{6-7}$$

式中：A、B、C 为系数，默认值分别为 1、4、2；ϕ_{me}、T_{2gm} 分别为核磁总孔隙度、T_2 几何平均值。

SDR 模型和 Timur-Coates 模型具有相同的理论基础，只是用不同的方式来表达 T_2 分布。Timur-Coates 模型用自由流体和束缚流体的比值来表达，一般不受孔隙中油气的影响；而 SDR 模型用几何平均来表达，该估算方法是通过对盐水饱和的岩石样品进行实验得来的，通常对水层预测效果比较好，而且它会受到油气的影响。通过对比两种模型不难发现，利用核磁共振测井资料准确估算储层渗透率必须准确地确定储层孔隙度、孔隙自由流体体积和束缚流体体积。

根据研究区不同层位储层岩心核磁共振实验资料，获得自由水体积、束缚水体积及 T_2 几何平均值，应用公式(6-6)和(6-7)，采用三系数回归、最优化方法求解待定系数，获得不同井区的 Timur-Coates 模型和 SDR 模型的渗透率计算公式，如表 6-1 所示，两种模型的相关系数较高，均在 0.93 以上。

表 6-1　部分井区核磁计算渗透率模型统计

模型	Timur-Coates	R	SDR	R
公式	$K = A \cdot \phi_{me}^{B} \cdot (\phi_{mf}/\phi_{mb})^{C}$		$K = A \cdot \phi_{me}^{B} \cdot T_{2gm}^{C}$	
F-1 井区	A=10,B=1.92,C=1.08	0.98	A=1,B=2.95,C=1.75	0.94
F-5 井区	A=1,B=4.4,C=6.06	0.93	A=0.3,B=8.93,C=5.19	0.94

6. 斯通利波法

研究表明斯通利波的响应依赖于孔隙流体流动性和频率，也就代表了斯通利波信号中包含了储层流体信息，而储层渗透率能够影响斯通利波的衰减，因此可以通过研究斯通利波进而研究储层渗透率。

在研究区应用斯通利波研究成果，进行渗透率计算，计算效果如图 6-6 所示，通过岩心标定统计渗透率计算误差，如图 6-7 所示。从图中可以发现该方法计算储层渗透率有一定效果,但对渗透率变化的敏感度不够,计算得到的渗透率相对平稳,在低渗透部分计算精度不够,总体统计渗透率相对误差为 60.4%,计算精度有待提升。

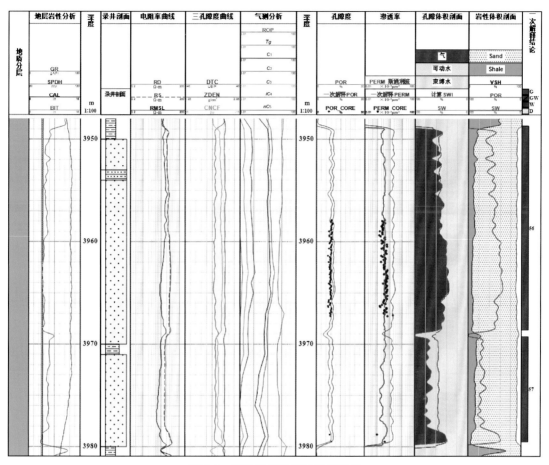

图 6-6　斯通利波计算渗透率效果

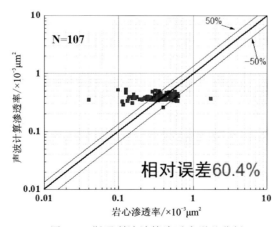

图 6-7　斯通利波计算渗透率误差分析

7. Swanson 参数法

压汞实验是储层孔隙结构研究的重要手段,由压汞实验得到的毛管压力曲线表征了岩石孔喉的大小及其分布。因此,利用毛管压力曲线建立有效的渗透率计算模型,其根本意义并不完全在于利用该模型来计算岩石的绝对渗透率,而在于弄清楚孔隙结构中能控制和影响流体在孔隙性岩石中流动的重要特征。

目前利用毛管压力数据求取砂岩渗透率的方法是在 Purcell 理论的基础上发展起来的。Purcell 假定多孔介质由大量平行的圆柱形毛细管构成,结合 Poiseuille 方程和 Darcy 定律,给出了渗透率的计算公式:

$$K = 2g(\sigma\cos\theta)^2\phi\int_0^1 \frac{\mathrm{d}S_{mw}}{P_c^2} \tag{6-8}$$

式中:K 为岩石渗透率,$\times 10^{-3}\mu m^2$;g 为用于计算上述多孔介质中流体流动特性与岩石之间差异的岩性参数;σ 为界面张力,mN/m;θ 为表面接触角,($°$);P_c 为毛管压力,MPa;S_{mw} 为非润湿相流体饱和度,在压汞实验中是汞饱和度,$\%$。但是利用(6-8)式求取渗透率时需要确定的参数较多,在实际应用中并不方便。

毛管压力曲线一般采用半对数坐标系绘制(图 6-8),即进汞饱和度为线性横坐标,毛管压力为对数纵坐标。当采用双对数坐标系绘制时,毛管压力曲线的形态近似于双曲线(图 6-9),双曲线的拐点记为 A 点。Swanson 对大量高孔渗岩心分析数据进行研究发现,不同岩样实验观测得到的有效控制流体流动的主孔隙系统的汞饱和度都与双对数坐标系下的毛管压力曲线的拐点对应。在拐点出现前,非润湿相流体占据了有效的相互连通的孔隙空间;过了拐点,非润湿相流体开始进入更细小的孔隙空间,或占据不规则孔隙的一些边角部分,流动能力明显下降。因此,毛管压力曲线拐点处的汞饱和度表征了对流体流动作出有效贡献的那部分有效孔隙空间的体积,而对应的毛管压力表征了连通整个有效孔隙空间的最小喉道大小。毛管压力曲线的拐点在双对数坐标系下就是双曲线的顶点,它是汞在岩石中充满一个连续的、内部连通良好的孔隙系统时压汞曲线图上的位置,也是控制液体流动的有效孔隙系统形成的地方。顶点处的孔喉半径代表岩石内部连通成有效孔隙系统时孔喉半径的大小。

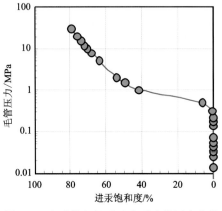

图 6-8 半对数坐标系下典型毛管压力曲线

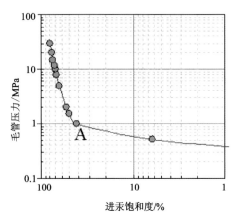

图 6-9 双对数坐标系下典型毛管压力曲线

在图 6-10 中，假设 A 点即为双曲线的顶点，顶点的进汞饱和度 S_{Hg} 与毛管压力 P_c 的比值 S_{Hg}/P_c（称为 Swanson 参数）比其他任何部分都要高，说明此处单位压力进汞最多。如果以 S_{Hg} 为横坐标，S_{Hg}/P_c 为纵坐标做图，则对应 A 点的 $(S_{Hg}/P_c)_A$ 为图中曲线的最高点 $(S_{Hg}/P_c)_{\max}$。

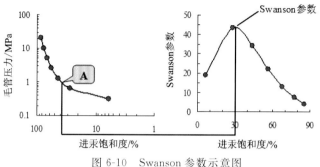

图 6-10　Swanson 参数示意图

Swanson 分析了大量高孔渗岩心资料后发现，A 点对应的进汞饱和度、毛管压力与岩心的绝对渗透率之间具有幂函数拟合关系：

$$K = m \times (\frac{S_{Hg}}{P_c})_{\max}^n \tag{6-9}$$

式中：K 为岩心渗透率，$10^{-3}\ \mu m^2$；S_{Hg} 为 A 点的进汞饱和度，%；P_c 为 A 点对应的毛管压力，MPa；m 和 n 为待定系数，可由岩心实验数据确定。

根据以上求取渗透率的方法，结合压汞实验，可以在不同井区建立适用于本井区的 Swanson 参数计算储层渗透率的模型。如图 6-11 所示，各井区层位模型精度都极高，相关系数均在 0.97 以上。可以发现，在不同的井区或者层位，该模型没有统一的方程或者系数，因此需要根据研究区压汞实验确定适用于本井区的计算模型。

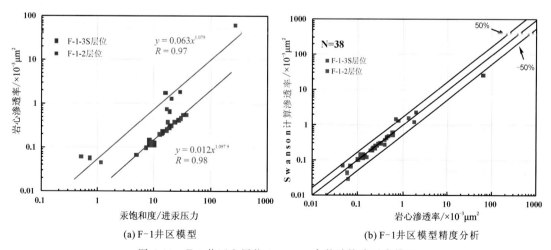

图 6-11　F-1 井区和层位 Swanson 参数计算渗透率模型

在研究区应用该模型计算渗透率时，需要应用到核磁测井资料提供的伪毛管压力曲线，从中获得 Swanson 参数，因此利用核磁测井构造伪毛管压力曲线的精度直接影响该方法计算渗透率的精度。

在有核磁测井资料的井中应用该方法计算渗透率，其中 F-1 井区模型计算相对误差只有 17.9％，如图 6-11(b)所示，误差相比之下非常低。F-1 井计算效果如图 6-12 所示，从计算效果可以看到渗透率变化较为精细，反映了储层的微观渗透特性的变化，在伪毛管压力构造精度足够高的前提下，该方法应用效果显著。

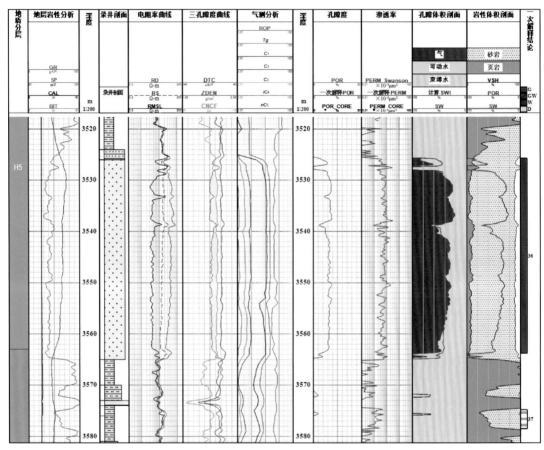

图 6-12　F-1 井 Swanson 参数法计算渗透率效果

8. K-mod 法

K-mod 是斯伦贝谢软件 Techlog 中应用模块所采用的方法，如图 6-13 所示，其根本思想是大数据和机器学习理论，在常规测井曲线以及岩心渗透率标定的技术上给出储层的学习渗透率。该渗透率根据输入测井曲线的类型、数量以及质量等情况会得到不同精度的渗透率。一般情况下输入的测井曲线包括电阻率、三孔隙度和泥质含量以及用于标定的岩心分析渗透率。

图 6-14 所示为 F-1 井区 K-mod 法计算渗透率效果，可以发现在岩心标定的井段，机器学习的方法得到的渗透率普遍能与岩心标定所对应，精度较高。统计 F-1 井区该方法渗透率计算误差，如图 6-15 所示，相对误差为 52.1％。

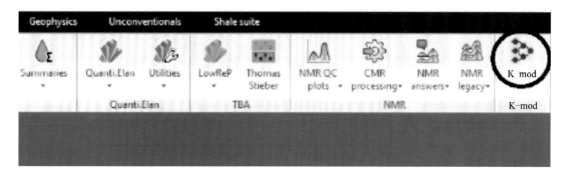

图 6-13　斯伦贝谢 Techlog 软件 K-mod 计算模块

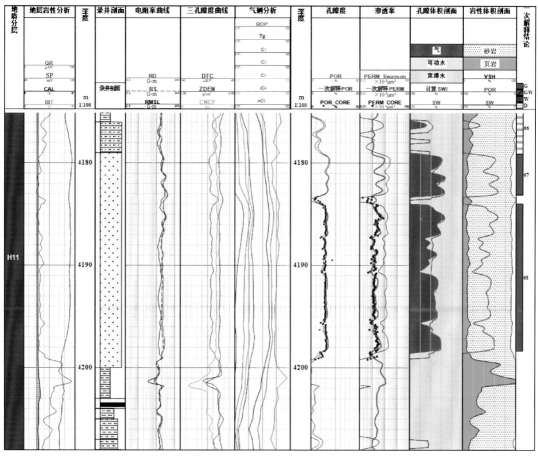

图 6-14　F-1 井区 K-mod 法计算渗透率效果

　　该方法的优势是操作简单、方便,只需要提供岩心分析渗透率和测井曲线即可,但是这也成为限制该方法普遍应用的原因。岩心分析成为了该方法的必须条件,在井区开展推广应用时,岩心点的数量和质量直接决定了模型的精度,且对测井曲线的质量要求较高。即使应用部分岩心分析资料进行标定和建模,在没有岩心井段的计算结果时也需要仔细研究和分析。因此该方法在研究区的广泛使用还需要进一步发展。

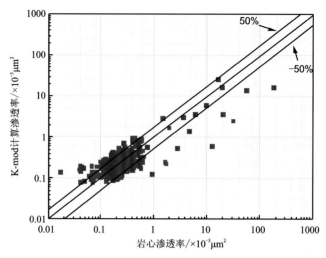

图 6-15　F-1 井区 K-mod 法计算渗透率误差分析

9. 流动单元法

当地层是均质储层时,可以建立相应的分井区和分层位的渗透率计算模型。但实际情况是大部分的储层并非均质储层,由于沉积作用的差异,同一砂层内部的渗流特性同样也存在差异,导致测井解释的精度不够。因此,前人经过多年的研究,提出利用流动单元这一新概念来描述非均质储层的特征,其能够反映微观的孔隙结构特征。不同的沉积环境和成岩过程控制着岩石孔隙几何结构,孔隙几何特征决定了其内部流体流动特征相似的流动单元的存在。因此,流动单元也能够体现出不同沉积微相和结构砂体的差异,而在同一流动单元内部则呈现出均质的特征。因此,在充分考虑储层非均质性特征的基础上,可按照不同流动单元建立不同的渗透率计算模型,进而可以提高储层渗透率计算精度。

流动单元的影响因素众多,其中孔隙结构及其微观孔喉特征对其影响最大。Kozeny-Catmen 等人结合渗流力学原理,建立了如下流动单元与储层结构参数及物性参数的表达式:

$$K = \frac{\phi_e^3}{(1-\phi_e)^2} \frac{1}{F_s \tau^2 S_{gv}^2} \tag{6-10}$$

式中:F_s 为孔隙几何形状系数,圆柱体为 2;S_{gv} 为单位颗粒体积的表面积,$S_{gv} = \frac{r}{2} \frac{\phi_e^3}{1-\phi_e} = \frac{1}{r_{mh}} \frac{\phi_e}{1-\phi_e}$;$\tau$ 为迁曲度;ϕ_e 为孔隙体积。

由式(6-10)变形可得:

$$\sqrt{\frac{K}{\phi_e}} = \frac{1}{\sqrt{F_s} \tau S_{gv}} \frac{\phi_e}{(1-\phi_e)} \tag{6-11}$$

Amaefule 等人(1993)利用 FZI 结合储层品质因子、物性参数等有效地划分了流动单元,其中重要参数有以下几个。

储层品质因子 RQI：

$$RQI = 0.0314 \sqrt{\frac{K}{\phi_e}} \qquad (6-12)$$

标准化孔隙度指数，可以用孔隙体积(ϕ_e)和颗粒体积($1-\phi_e$)之比表示：

$$\phi_z = \frac{\phi_e}{1-\phi_e} \qquad (6-13)$$

用于评价流动单元的流动单元指数 FZI 可以表示为：

$$FZI = \frac{0.031\,4}{\sqrt{F_S}\tau S_{gv}} = \frac{RQI}{\phi_z} \qquad (6-14)$$

对式(6-14)两边取对数可得：

$$\lg RQI = \lg FZI + \lg \phi_z \qquad (6-15)$$

根据上式，可以在双对数坐标上建立品质因子和标准化孔隙度的关系图，而在图中相同流动单元的特征点位于同一条斜率为 1 的直线周围，形成很多条带状的分布形式，不同流动单元以斜率为 1 的带状平行分布，据此可以进行流动单元带的划分和识别。

根据研究区岩心物性实验分析资料，在试点井区 F-1 井区中利用式(6-12)～式(6-13)计算不同岩心的储层品质因子、标准化孔隙度指数以及流动单元指数。根据图 6-16 所示的 FZI 斜率和变化率及拐点等特征，将研究区划分为多个流动单元带，提高参数计算精度，储层流动单元划分结果如图 6-17 所示。

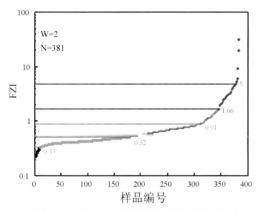

图 6-16　F-1 井区 FZI 流动单元划分标准

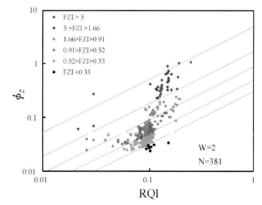

图 6-17　F-1 井区流动单元划分图

（1）流动单元带法渗透率精细建模

基于以上流动单元划分思想，对 F-1 井区的划分模式进行流动单元划分和渗透率建模。

根据流动单元划分思路，在 F-1 井区按照图 6-16 的划分标准将花港组储层分为 6 类流动单元，每类流动单元根据孔渗关系建立渗透率计算模型(图 6-18)，每类流动单元建立的渗透率模型精度较常规方法有了大幅度提高，精度普遍在 0.9 左右，模型渗透率计算误差仅为 23.7%。各流动单元带法渗透率计算模型统计见表 6-2。

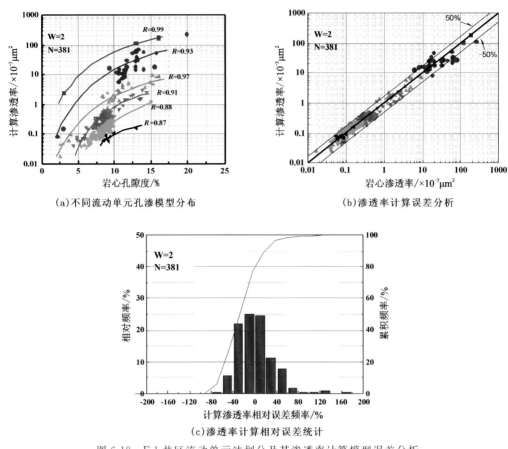

(a)不同流动单元孔渗模型分布   (b)渗透率计算误差分析

(c)渗透率计算相对误差统计

图 6-18 F-1 井区流动单元法划分及其渗透率计算模型误差分析

表 6-2 F-1 井区流动单元带法渗透率计算模型统计表

流动单元类型	FZI	渗透率计算公式	相关系数 R
一类	FZI>5	$K = 0.161\,5 \times \phi^{2.548\,6}$	0.99
二类	1.66<FZI<5	$K = 0.004\,5 \times \phi^{3.404\,9}$	0.93
三类	0.91<FZI<1.66	$K = 0.001\,4 \times \phi^{3.122\,6}$	0.97
四类	0.52<FZI<0.91	$K = 0.000\,08 \times \phi^{3.500\,2}$	0.91
五类	0.33<FZI<0.40	$K = 0.000\,9 \times \phi^{2.724\,8}$	0.88
六类	FZI<0.33	$K = 0.000\,6 \times \phi^{2.183\,1}$	0.87

（2）流动单元测井识别方法

划分研究区流动单元的重要标准就是流动单元指数 FZI。在岩心实验分析的基础上进行流动单元的划分，最终要应用于全井段的流动单元划分和储层渗透率计算，因此必须结合岩心数据和测井数据，在岩心深度准确归位的基础上，进行流动单元的测井识别。

在开展 FZI 计算之前，首先对其影响因素进行分析。如图 6-19 所示，分别研究粒度中值、粒度均值、泥质含量、密度测井、中子测井和孔隙度对流动单元的影响。其中粒度中值与FZI 成正比，粒度均值与 FZI 有反比例关系，这体现了利用 FZI 划分流动单元时表现的地质沉积上的差异；泥质含量及密度、中子测井值与 FZI 成反比例关系，孔隙度与其成正比关系，表明 FZI 在测井曲线中有明显响应，为 FZI 的测井计算提供了依据。

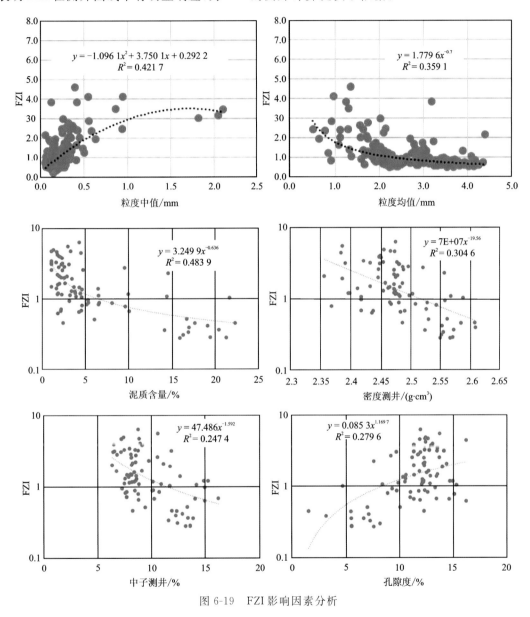

图 6-19　FZI 影响因素分析

根据测井数据和实验分析数据，结合测井响应与流动单元指数的相关性分析，在研究区建立不同井区和层位的流动单元指数计算模型，计算模型统计见表 6-3。部分井区计算 FZI误差分析如图 6-20(a)～(c)所示，相对误差分别为 18%、19% 和 26%。由计算效果图可知，应用常规测井进行多元拟合计算流动单元指数时，常规测井与 FZI 单独建模相关性一般，但通过多元回归，FZI 计算精度有了大幅提升，为储层流动单元法计算渗透率提供了基础。

表 6-3 西湖凹陷 FZI 计算模型统计

井区	层位	计算公式	R
F-1	H 上	$FZI=Pow(10,0.139\times POR-0.069\times CNL+0.596\times DEN-0.01\times SH-2.11)$	0.87
	H 下	$FZI=Pow(10,0.009\ 2\times POR-0.076\times CNL-1.85\times DEN-0.001\ 5\times SH+4.66)$	0.81
F-2	平湖组	$FZI=Pow(10,0.041\times POR-0.061\times CNL+4.65\times DEN-0.009\times SH+11.7)$	0.65
F-3	H 上	$FZI=Pow(10,0.081\ 2\times POR-0.04\times CNL+0.45\times DEN-0.028\ 8\times SH-1.471)$	0.73
	H 下	$FZI=Pow(10,-0.081\ 4\times POR-0.005\ 5\times CNL+0.016\ 6\times DEN-0.015\ 2\times SH+0.448)$	0.87
F-4	花港组	$FZI=Pow(10,0.01\times POR-0.036\ 3\times CNL+0.967\times DEN-0.012\ 7\times SH-2.31)$	0.83
F-5	平湖组	$FZI=Pow(10,0.065\times POR+0.038\times CNL-0.006\ 6\times DTC-0.015\ 4\times SH-0.221\ 8)$	0.82
		$FZI=POW(10,0.064\ \times POR-0.001\ 1\times CNL-1.88\times DEN+000\ 59\times SH+3.63)$	0.86
F-6	平湖组	$FZI=Pow(10,0.087\times POR-0.017\ 4\times CNL+2.356\times DEN-0.025\ 7\times SH-6.434)$	0.77
F-7	花港组	$FZ=Pow(10,0.000\ 9\times POR-0.003\ 4\times CNL-4.64\times DEN+0.003\times SH+11.4)$	0.68
	平湖组	$FZI=Pow(10,-0.036\times POR-0.002\ 4\times CNL+0.85\times DEN+0.003\times SH-2.1)$	0.74

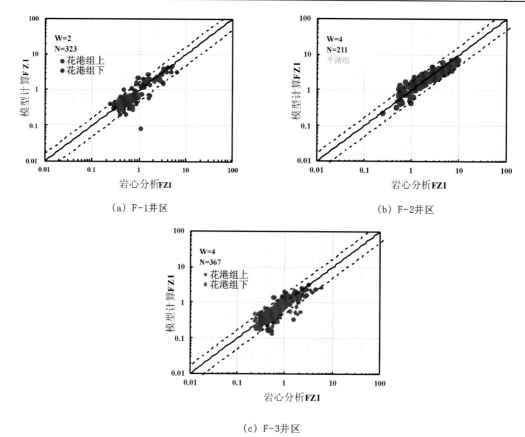

（a）F-1井区

（b）F-2井区

（c）F-3井区

图 6-20 西湖凹陷常规测井多元回归 FZI 计算效果图

基于以上分析和研究,在研究区广泛开展流动单元划分及储层渗透率计算,取得很好的计算结果。如图 6-21 所示为西湖凹陷 F-1 井区流动单元法 FZI 法计算渗透率效果图,从图中可知该方法能够有效地体现不同流动单元下储层渗透率的变化,较为精细地评价了储层的渗透性,较一次解释渗透率计算结果精度有了大幅度提高。统计该井区 FZI 渗透率计算误差,如图 6-22 所示,相对误差为 39.9%,达到了渗透率精细评价的要求。

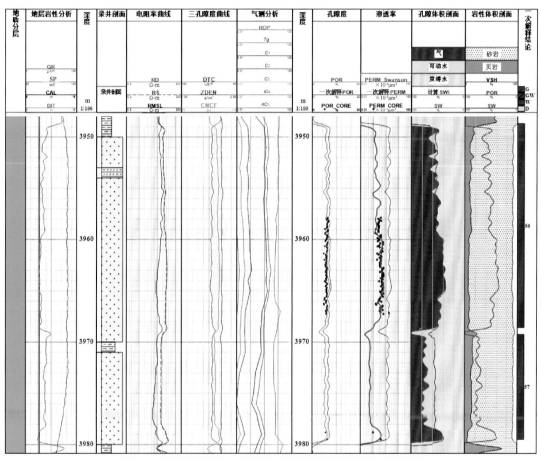

图 6-21　西湖凹陷 F-1 井区流动单元 FZI 法计算渗透率效果

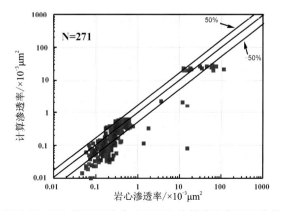

图 6-22　F-1 井区流动单元 FZI 法计算渗透率误差分析

10. Fisher 判别法

降维方法是用来克服"维数灾难"和模型化高维数据的一种典型数据处理技术，也是用来解决这一问题的有效手段之一。它可通过对离散数据集合的分析来探求嵌入在高维数据空间中本征低维流形的不同样式，寻求事物的本质规律性。

线性判别式分析（Linear Discriminant Analysis，LDA），也叫做 Fisher 线性判别（Fisher Linear Discriminant，FLD），是模式识别的经典算法。线性判别分析的基本思想是将高维的模式样本投影到最佳判别矢量空间，以达到抽取分类信息和压缩特征空间维数的效果。如图 6-23 所示，投影后保证模式样本在新的子空间有最大的类间距离和最小的类内距离，即模式在该空间中有最佳的可分离性。它是一种有效的特征抽取方法。使用这种方法能够使投影后模式样本的类间散布矩阵最大，并且同时类内散布矩阵最小。就是说，它能够保证投影后模式样本在新的空间中有最小的类内距离和最大的类间距离，即模式在该空间中有最佳的可分离性。

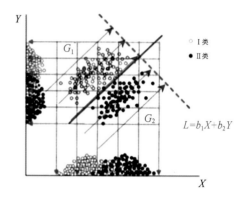

图 6-23　分类降维思想示意图

例如样本总体为 k 个，A_1、A_2、$\cdots$、A_k 分别为每类样本数，总样本数 m 可写为 $m = A_1 + A_2 + \cdots + A_k$，从这 k 个总体中抽取具有 p 个指标的样品观测数据，第 i 类的第 n 个样本可写为 $x_i^{(n)} = \{x_{i1}^{(n)}, x_{i2}^{(n)}, \cdots, x_{ip}^{(n)}\}$，判别函数为：

$$z(y) = b_1 y_1 + b_2 y_2 + \cdots + b_p y_p = b^T y \tag{6-16}$$

式中：$n_1, n_2, \cdots, n_p$ 是判别系数，$b = (b_1, b_2, \cdots, b_p)^T$，$y = (y_1, y_2, \cdots, y_p)^T$。

基于概率统计学原理，判别函数 $z(y)$ 的样品均值和协方差可写为：

$$\bar{z}^{(i)} = b^T \bar{y}^{(i)} \tag{6-17}$$

$$\sigma_i^2 = b^T \bar{s}^{(i)} b \tag{6-18}$$

式中：$\bar{y}^{(i)}$ 为样本均值向量，$\bar{s}^{(i)}$ 为样本协方差阵。

根据 Fisher 判别存在判别向量 b，使得 λ 最大：

$$\lambda = \frac{\sum_{i=1}^{n} m_i \left[\bar{y}^{(i)} - \bar{y}\right]^2}{\sum_{i=1}^{n} q_i \sigma_i^2} \tag{6-19}$$

式中：$\bar{y}$ 为总样品均值，q_i 为先验概率。令 $q_i = m_i - 1$，将 $\bar{y}^{(i)} = b^T \bar{x}^{(i)}$，$\sigma_i^2 = b^T \bar{s}^{(i)} b$，$\bar{y} = b^T \bar{x}$ 结合式(6-19)中可得：

$$\lambda = \frac{b^T A b}{b^T E b} \tag{6-20}$$

式中：

$$E = \sum_{i=1}^{n} q_i s^{(i)} \tag{6-21}$$

$$A = \sum_{i=1}^{n} m_i \left[\bar{x}^{(i)} - \bar{x} \right] \left[\bar{x}^{(i)} - \bar{x} \right]^{\mathrm{T}} \tag{6-22}$$

$\dfrac{\partial \lambda}{\partial c} = 0$ 是 λ 最大值存在的充要条件，则有：

$$Ab = \lambda Eb \tag{6-23}$$

由(6-23)式可知，λ 是矩阵 $AX = E$ 广义特征根，特征根对应的特征向量为 E。基于矩阵理论得，存在 k 个向量，存在如下关系：

$$y_l(x) = b^{(l)\mathrm{T}} x \qquad l = 1, 2, \cdots, k \tag{6-24}$$

式(6-24)中 $y_l(x)$ 是判别函数，若每个判别函数的判别能力指标为 P_i，则：

$$p_i = \frac{\lambda_l}{\sum\limits_{i=1}^{k} \lambda_i} \qquad l = 1, 2, \cdots, k \tag{6-25}$$

那么 $k0 (k0 \leqslant k)$ 个总的判别能力为：

$$sp_{k0} = \sum_{l=1}^{k0} p_i = \frac{\sum\limits_{l=1}^{k0} \lambda_i}{\sum\limits_{i=1}^{k} \lambda_i} \tag{6-26}$$

当 $sp_{k0} \geqslant d$ 时，取 $k0$ 个判别函数，d 为给定的值，一般取 85%。

待判的样品分类常用的有两种方法有加权法和不加权法，第一种加权法存在矩阵 $Ab = \lambda Eb$ 的特征根 λ_l 使得：

$$D_i^2 = \sum_{l=1}^{k0} \left[y_l(x) - \overline{y_l}^{(i)} \right]^2 \lambda_l \qquad i = 1, 2, \cdots, n \tag{6-27}$$

当 $D_i^2 - \min\limits_{1 \leqslant i \leqslant k} D_i^2$，认为 $x \in G_i$。

第二种是不加权法，设 $\bar{y}^{(i)} = c^{(l)\mathrm{T}} \bar{x}^{(i)}$，其中 $l = 1, 2, \cdots, k0; i = 1, 2, \cdots, n$。待判样品 $x = (x_1, x_2, \cdots, x_p)^{\mathrm{T}}$ 的马氏距离 D_i^2 为：

$$y_l(x) = c^{(l)\mathrm{T}} x \tag{6-28}$$

$$D_i^2 = \sum_{l=1}^{k0} \left[y_l(x) - \overline{y_l}^{(i)} \right]^2 \tag{6-29}$$

当 $D_i^2 = \min\limits_{1 \leqslant i \leqslant k} D_i^2$，则认为 $x \in G_r$。

在应用 Fisher 判别法进行测井评价或者模式识别时通常需要用到相关数学分析软件，本次研究应用美国 IBM(International Business Machines Corporation)国际商业机器公司的 SPSS(Statistical Product and Service Solutions)"统计产品与服务解决方案"软件，其具有统计学分析运算、数据挖掘、预测分析和决策支持任务等功能。

通过一系列常规处理后，以岩心分析数据、岩心点测井数据和流动单元分类数据为基础，对储层流动单元类型进行 Fisher 判别分析。在试点井区 F-1 优选孔隙度、声波、密度、泥质含量测井参数,结合 FZI 分类结果,将数据体装入 SPSS 分析软件中,通过数据载入、分析、Fisher 判别方法选取、生成判别函数等步骤,得到了流动单元类型的 Fisher 判别公式,见式(6-30)。其中,F1～F6 分别代表 6 类流动单元,当 F1 最大时储层为一类流动单元,依次类推,SPSS 软件给出的 Fisher 判别结果表明,判别成功率达到了 82.4%。基于以上方法可通过常规测井识别储层流动单元类型。

$$\begin{cases} F1 = 76.964 \times POR + 9\ 727.168 \times DEN + 89.193 \times AC - 43.589 \times SH - 15\ 526.796; \\ F2 = 74.801 \times POR + 9\ 661.062 \times DEN + 88.449 \times AC - 44.403 \times SH - 15\ 273.668; \\ F3 = 74.156 \times POR + 9\ 616.584 \times DEN + 88.012 \times AC - 44.513 \times SH - 15\ 125.991; \\ F4 = 74.415 \times POR + 9\ 714.561 \times DEN + 89.037 \times AC - 45.224 \times SH - 15\ 440.125; \\ F5 = 76.960 \times POR + 9\ 777.131 \times DEN + 88.987 \times AC - 45.511 \times SH - 15\ 617.189; \\ F6 = 78.304 \times POR + 9\ 772.099 \times DEN + 88.413 \times AC - 45.195 \times SH - 15\ 585.306; \end{cases}$$

$$(6\text{-}30)$$

识别流动单元类型后,结合建立的不同流动单元的渗透率模型可进行渗透率计算,在 F-1 井区计算效果如图 6-24 所示,统计渗透率计算误差如图 6-25 所示,相对误差为 42%。从计算效果可看出,该方法通过数学方法识别储层流动单元类型,但计算渗透率的核心还是依托于流动单元的划分和渗透率模型的建立。

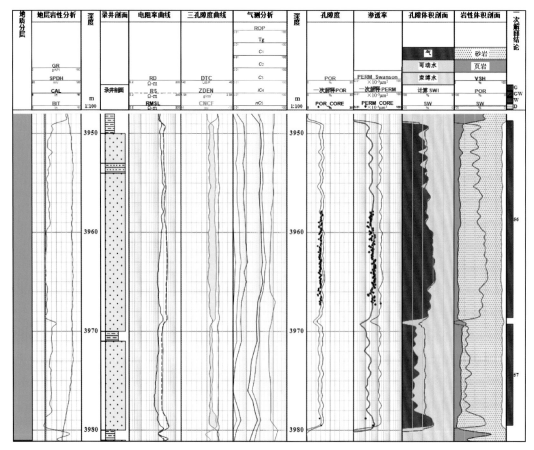

图 6-24　西湖凹陷 F-1 井区 Fisher 判别流动单元法计算渗透率效果

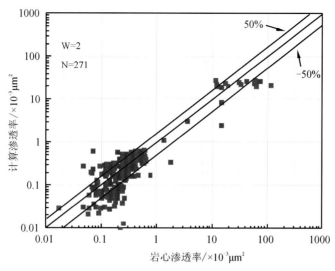

图 6-25　西湖凹陷 F-1 井区 Fisher 判别流动单元法计算渗透率误差分析

三、渗透率计算方法优选

在早期的渗透率计算时,地层普遍为高渗地层,计算误差控制在一个数量级之间即可,但随着低渗储层和致密储层的开发,对渗透率计算的精度有了更高的要求,专家学者力求获得精度更高的渗透率计算方法。

基于以上研究,在试点井区应用了 10 种方法计算储层的渗透率,统计各种方法模型误差及计算相对误差见表 6-4。从统计结果可以看出,不同模型计算误差相差很大:常规的计算方法普遍精度较低;基于核磁测井的计算方法精度都比较高,但不能在研究区缺乏核磁资料的井中广泛开展应用;流动单元法原理简单,操作方便,最重要的是能够在相同井区的层位中进行推广应用,并且具有较高的计算误差,相对误差基本能控制在 40% 以内。

图 6-26 和图 6-27 为 F-1 井区两段钻井取心所在层位渗透率计算效果图,通过渗透率计算

表 6-4　10 种渗透率计算模型误差统计表

序号	渗透率计算方法	模型精度	计算平均相对误差
1	孔渗拟合	$R=0.78$	83.8%(实际)
2	Timur 公式	$R=0.89$	46.8%(实际)
3	地层因素法	$R=0.80$	114.0%(实际)
4	核磁共振 Timur – Coates	$R=0.98$	3.2%(模型)
5	核磁共振 SDR	$R=0.94$	5.6%(模型)
6	斯通利波法	—	60.4%(实际)
7	压汞 – Swanson 参数法	$R=0.98$	17.9%(模型)
8	K – mod 法	—	52.1%(实际)
9	流动单元 – FZI 法	$R=0.92$	39.9%(实际)
10	Fisher 判别法	$R=0.89$	42.0%(实际)

效果对比和分析,发现 10 种渗透率计算方法精度各不相同,各有其特点和适用性,同时也各有其不足之处。为在研究区提高渗透率计算精度,适应研究区的储层特征,且能广泛应用于不同井区,最终优选了流动单元 FZI 法进行储层渗透率精细建模和计算,在研究区 7 个井区计算取得了较好的效果,建议该方法在其他井区推广和应用。

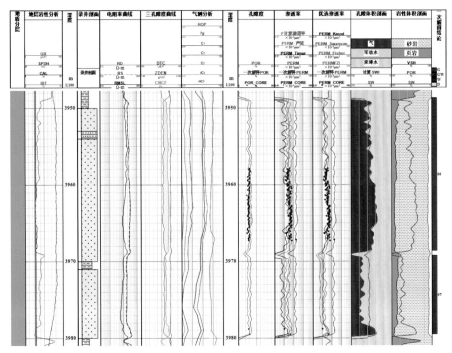

图 6-26　西湖凹陷 F-1 井区 H8 段渗透率计算效果

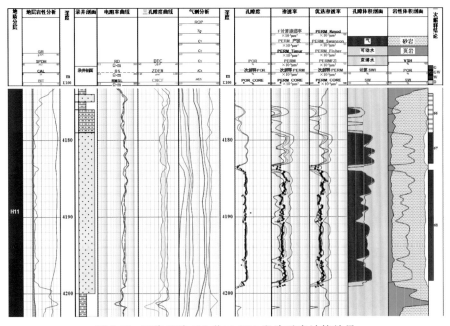

图 6-27　西湖凹陷 F-1 井区 H11 段渗透率计算效果

第二节　基于核磁测井的储层孔隙结构定量评价

　　岩石的孔隙结构主要是指储层孔隙和孔喉的大小、连通性及几何形态等,通常用于评价的资料包括压汞和核磁资料,其中压汞资料提供的排驱压力、平均孔喉半径、分选系数、微观均质系数、相对分选系数和孔喉歪度等反映微观孔喉特性的参数能够很好地应用于孔隙结构评价,而核磁共振测井提供的 T_2 分布谱能够比较直观地反映孔隙的分布状况。本次研究基于压汞、核磁实验、核磁测井对储层进行孔隙结构精细评价。

　　利用核磁测井资料可以用以下三种方法定量地表征孔隙结构:①伪毛管曲线法。将岩心压汞毛管压力曲线和核磁共振 T_2 分布对比,建立起相关性,确定横向、纵向转换系数,即可计算出伪毛管压力曲线,进而求出孔隙结构参数;② T_2 几何平均值法。以岩心压汞资料为基础,同相应岩心的 T_2 几何均值取对数进行拟合,建立核磁共振测井中的 T_2 几何均值与孔隙结构参数之间的关系;③三孔隙度百分比法。利用 T_2 谱分布将地层孔隙分为大、中、小孔,通过三者所占比重评价孔隙结构。

一、伪毛管曲线法

(一)利用 T_2 谱拟合伪毛管压力曲线方法研究

　　由理论分析可知,核磁共振 T_2 谱分布与毛管压力之间存在函数关系式,因此利用核磁共振 T_2 谱分布可以模拟出毛管压力曲线形态,由于模拟的毛管压力曲线反映的是孔隙尺寸分布形态,与真正的毛管压力曲线反映的是孔喉尺寸分布形态存在一定区别,故定义由 T_2 谱计算的毛管压力曲线为伪毛管压力曲线。

　　本次研究应用全新的伪毛管压力拟合方法和油气校正方法。大大提高了毛管压力曲线的拟合精度,达到了国际领先水平。本次项目研究提出毛管压力曲线定量评价方法研究思路:首先利用微分相似原理确定每块岩样的核磁共振 T_2 测量与压汞测量之间的横向转换系数 C,然后利用分段对比法确定每块岩样核磁共振 T_2 测量与压汞测量之间的纵向转换系数 D,最后建立横向转换系数 C、纵向转换系数 D 与核磁共振 T_2 谱提供的物性参数之间的关系,在核磁共振测井中利用岩心刻度得到的转换系数关系式定量评价伪毛管压力曲线。

1. 微分相似原理确定每块岩样横向转换系数 C

　　利用压汞微分曲线与 T_2 谱数据相似性确定横向转换系数 C 的原理:在简化的线性刻度下, T_2 与毛管压力 P_c 之间具有关系 $P_c = C/T_2$ 。数据 $T_2 \sim A_m$ 与 $C/P_c \sim S_{Hg}$ 之间具有相似性,当转换系数 C 确定后,则每一组 $C/P_c \sim S_{Hg}$ 对应一组确定的数据 $T_2 \sim A_m$ 。C 增大时, $C/P_c \sim S_{Hg}$ 向 $T_2 \sim A_m$ 的右方偏移,C 减小时, $C/P_c \sim S_{Hg}$ 向 $T_2 \sim A_m$ 的左方偏移(图 6-28)。选择大小合适的两个 C 值, C_{mx} 和 C_{mn} ,使 $C/P_c \sim S_{Hg}$ 分别位于 $T_2 \sim A_m$ 右边和左边。很显然,存在唯一的 C_x ,使 $C/P_c \sim S_{Hg}$ 与 $T_2 \sim A_m$ 之间的相关系数达到最大值,这个 C_x 值就是 T_2 与 P_c 之间的转换系数 C。

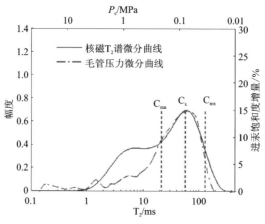

图 6-28 转换系数 C 求取示意图

C_x 的确定采用的是微分方法。设 A_m 的数据点为 N 个，S_{Hg} 的数据点为 N_1 个。$A_{m,i}$（$i=1,0,\cdots,N$）与 $S_{Hg,j}$（$j=1,2,\cdots N_1$）之间相关系数的计算公式为：

$$R = \frac{\sum_{j=1}^{N_1}(A_{m,k_j} - \overline{A_m})(S_{Hg,j} - \overline{S_{Hg}})}{\sqrt{\sum_{j=1}^{N_1}(A_{m,k_j} - \overline{A_m})^2 \sum_{j=1}^{N_1}(S_{Hg,j} - \overline{S_{Hg}})^2}} \tag{6-31}$$

式中：R 为 T_2 谱分布与压汞饱和度分布之间的相关系数，无量纲；A_m 为对应于 T_2 的测量信号幅度，mV；$\overline{A_m}$ 为特定序列中的 T_2 测量幅度平均值，mV；S_{Hg}：对应于 P_c 压力区间的汞饱和度，%；$\overline{S_{Hg}}$ 为压汞饱和度平均值，%；N_1 为压汞的数据点数；N 为 T_2 谱的数据点数；k_j（$j=1,2,\cdots,N_1$）是一个序列。

给定一个预设 C 值，设

$$df_j = \left| \frac{C}{T_{2,N-k_j}} - P_{c,j} \right| \tag{6-32}$$

式中：df_j 是第 j 个实测毛管力和 T_2 转换毛管力的误差，对于每一个 $P_{c,j}$，找出 k_j，使 df_j 达到最小。将式（6-31）中的 k_j 代换成（$N-k_j$），即可对于选定的 C 计算出 R（相关系数）。改变 C，可以得到不同的 R 值，且存在一个确定的 C 值，使 R 达到最大。这个确定的 C 值，即所寻求的 T_2 与 P_c 之间的横向转换系数。图 6-29 为利用此方法确定的每块岩样横向转换系数统计图，由图可见，不同岩样，其转换系数不同。

2. 分段等面积刻度法确定纵向转换系数 D

为得到不同毛管压力情况下进汞饱和度的定

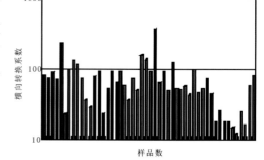

图 6-29 岩样横向转换系数统计直方图

量结果，必须将经过横向转换系数刻度后的伪毛管压力曲线幅度值经过刻度转化为进汞饱和度增量,为此必须利用岩心测量的压汞微分曲线对伪毛管压力曲线进行标定。最好的标定方法是通过一定的刻度转换使得核磁共振 T_2 微分谱包络面积等于压汞微分谱包络面积,为此必须获得核磁共振 T_2 微分谱与压汞微分曲线的纵向转换系数。由大量岩心测量结果分析发现,不同岩样其纵向转换系数不同,即使是同一块岩样,其小孔径部分与大孔径部分,其包络面积差异程度也存在明显不同(图 6-30)。为定

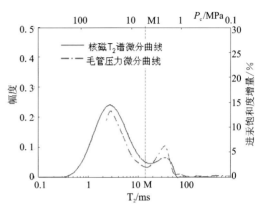

量评价毛管压力曲线,本次项目研究提出了分段刻度确定每块岩样纵向转换系数的方法。具体实现方法:利用微分相似原理将核磁 T_2 谱与毛管压力微分曲线重叠到一起,确定分段拐点,根据孔径尺寸大小,在拐点处将核磁 T_2 谱分为小孔径部分(主要指毛管束缚流体部分)和大孔径部分(可动流体部分),分别计算大、小孔径部分压汞微分曲线和 T_2 谱曲线的包络面积,分别将大、小孔径部分的压汞微分曲线包络面积与 T_2 谱曲线包络面积相比即得到大、小孔径部分的转换系数。

图 6-30   核磁 T_2 谱与毛管压力微分曲线重叠图

$$D_1 = \sum_{j=M_1}^{N_1} S_{Hg,j} / \sum_{i=1}^{M} A_{m,i}/\phi \times 100\ \% \tag{6-33}$$

$$D_2 = \sum_{j=1}^{M_1} S_{Hg,j} / \sum_{i=M}^{N} A_{m,i}/\phi \times 100\ \% \tag{6-34}$$

式中:D_1 为小孔径部分转换系数;D_2 为大孔径部分转换系数;$S_{Hg,j}$ 为压汞曲线第 j 个分量的进汞饱和度增量;N_1 为压汞曲线总分量个数;N 为 T_2 谱总分量个数;$A_{m,i}$ 为核磁 T_2 谱第 i 个分量幅度;M_1:孔径尺寸分界拐点处对应的压汞分量数;M 为孔径尺寸分界拐点处对应的 T_2 谱分量数;ϕ 为总孔隙度

图 6-31 为利用此方法确定的岩样纵向转换系数 D_1、D_2 统计直方图,由图可见,不同岩样纵向转换系数不同,同一岩样其 D_1、D_2 也可能不同。

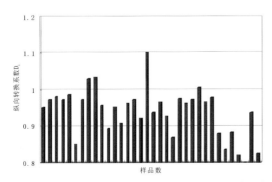
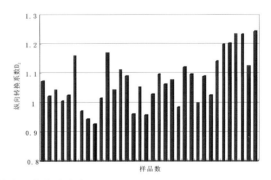

图 6-31   岩样纵向转换系数统计直方图

（二）伪毛管压力曲线应用效果分析

核磁转毛管压力曲线的转换系数与孔隙度、渗透率有关，因此利用孔隙度、渗透率确定区域伪毛细管压力曲线横、纵向转换系数。从而能够在没岩心资料情况下，连续的获取核磁毛管压力资料以评价储集层孔隙结构。

图 6-32 为利用本书所提出的计算毛管压力曲线方法与其他方法得到的毛管压力曲线对比图，左图为毛管压力曲线微分形态对比图，右图为毛管压力曲线积分形态对比图，可见本书所提出的方法计算结果与压汞测量结果更吻合。

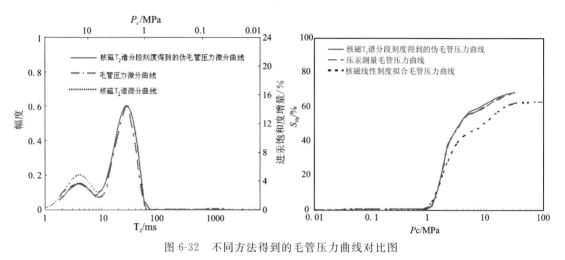

图 6-32　不同方法得到的毛管压力曲线对比图

二、核磁 T_2 几何均值法

为消除毛管压力、孔隙结构特征参数计算过程中各个阶段的传播误差，本书研究提出了另一种直接利用核磁共振 T_2 谱的特征参数 T_2 几何平均值（T_{2LM}）计算毛管压力、孔隙结构特征参数的方法，该方法避免了核磁 T_2 谱转换为伪毛管压力时所产生的误差。具体实现方法是利用岩心测量分析结果，建立毛管压力、孔隙结构特征参数与核磁 T_2 几何平均值之间的计算关系。

图 6-33 为核磁共振 T_2 几何平均值与中值压力、排驱压力、平均孔喉半径和孔喉半径均值关系图。由图可见，T_2 几何平均值与毛管压力、孔隙结构特征参数之间存在非常好的相关性，随着 T_2 几何平均值增加，平均孔喉半径、孔喉半径均值增大，中值压力和排驱压力降低。通过岩心刻度，可以获得 T_2 几何平均值计算毛管压力、孔隙结构特征参数的地区经验系数。

三、孔隙占比法

控制岩石孔隙结构的关键因素是整个系统中在一定的孔隙度大小范围内的孔隙度组分百分比。因此可以直接根据核磁共振测井 T_2 谱分布特征，确定大孔、中孔和小孔的分布范围，进而对应分析孔隙大小的分布特征。如图 6-34 所示，将 T_2 谱分布分为大孔（$T_2 > 128ms$）、中孔（$10ms > T_2 > 128ms$）和小孔（$T_2 < 10ms$），进而根据 T_2 分布百分比及对应孔径

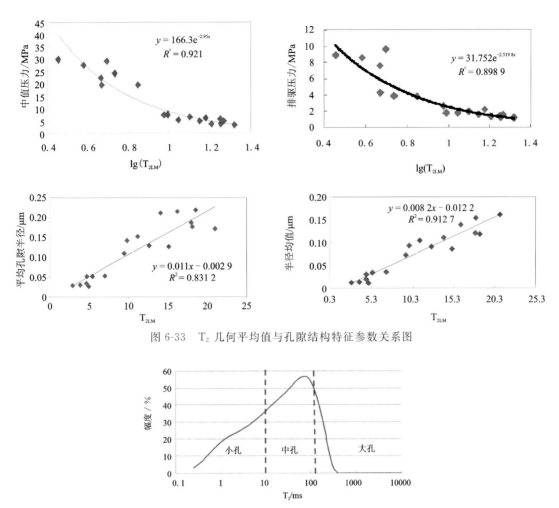

图 6-33　T_2 几何平均值与孔隙结构特征参数关系图

图 6-34　T_2 谱大孔、中孔和小孔分类特征图

分布百分比来评价储层的孔隙占比，如图 6-35 所示，获得储层孔隙结构特征。

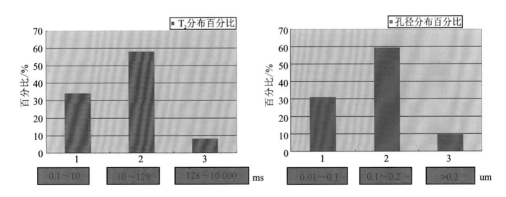

图 6-35　T_2 分布百分比及孔径分布百分比特征图

四、孔隙结构特征参数定量计算

由经过含烃校正后计算的伪毛管压力曲线,可以定量计算储层孔隙结构特征参数。地质上描述孔隙结构的特征参数很多,本书主要考虑了两类特征参数:第一类为描述毛管压力的特征参数,如排驱压力、中值压力、最小润湿相饱和度等;第二类为描述孔隙结构的特征参数,包括描述孔喉大小和孔喉分选性的两种特征参数,如最大孔喉半径、中值孔喉半径、分选系数、孔喉歪度等。

(一)描述毛管压力的特征参数及其意义

通常采用排驱压力、饱和度中值压力、最小湿相饱和度等参数来描述毛管压力曲线形态的定量特征。

1. 排驱压力 P_d

排驱压力是指非湿相开始进入岩样最大喉道的压力,也就是非湿相刚开始进入岩样的压力,因此有时又称排驱压力为入口压力、门坎压力或阀压。其相应于岩样最大喉道半径的毛管压力。排驱压力确定的方法很多,各油气田在确定排驱压力时,根据各油气层的特点,制订了某一饱和度所对应的毛管压力曲线值为排驱压力值;有的使用水银饱和度为 10% 时所对应的值,有时也用 7%~8%;一般采用的方法是将毛管压力曲线中间平缓段延长至非湿相饱和度为零时与纵坐标轴相交,其交点所对应的压力就是排驱压力(图 6-36)。本书采用的计算方法:当 $S_{Hgi} - S_{Hgi-1} \geqslant 1\%$ 时,则拐点 $i-1$ 即为该岩样的排驱压力 P_d。

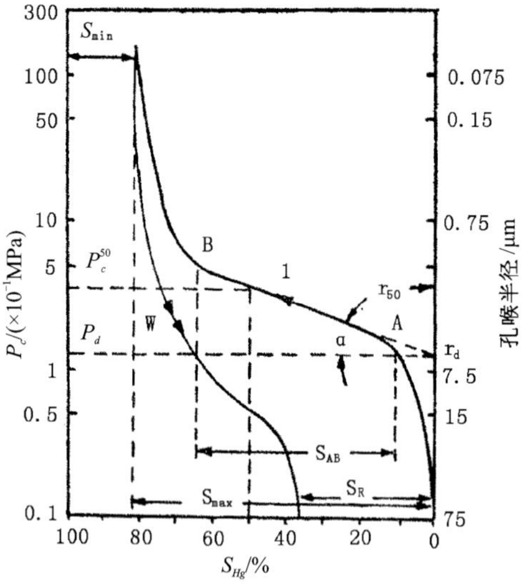

2. 饱和度中值压力 P_c

饱和度中值压力是指在驱替毛管压力曲线上饱和度为 50% 时相应的毛管压力值 P_c(图 6-36)。

图 6-36 毛管压力曲线三个定量特征值

3. 最小湿相饱和度 S_{min}

最小湿相饱和度表示当注入水银压力达到最高压力时,未被水银侵入的孔隙体积百分数(图 6-35)。如岩石亲水,则最小湿相饱和度代表了束缚水饱和度,反之,若岩石亲油,则 S_{min} 代表了残余油饱和度。最小湿相饱和度代表了仪器最高压力下所相应的孔喉半径(包括比它更小的孔喉)占整个岩样孔隙体积的百分数,该数值越大,表示这种小孔喉越多。

（二）描述孔隙结构的特征参数及其意义

由前述理论分析可知,毛管压力与喉道半径之间存在如下关系:

$$P_c = \frac{2\sigma\cos\theta}{r} \tag{6-35}$$

在压汞法中取 $\sigma = 480\text{mN/m}, \theta = 141°$,则毛管压力 P_c 与喉道半径 r 之间具有下面关系:

$$P_c = \frac{2 \times 0.48 \times \cos(141)}{r} \approx \frac{0.75}{r} \text{ 或 } r = \frac{0.75}{P_c} \tag{6-36}$$

由式(6-36)可知,一定的毛管压力对应着一定的孔隙喉道半径,因此,毛管压力曲线实际上包含了岩样孔隙喉道的分布规律;利用作图法确定每一个不同等级的孔隙喉道体积占总孔隙体积的百分数。常用的作图方法为等值划分孔隙喉道大小的频率分布。具体实现方法为:根据等值划分的规定,将孔隙喉道大小的间隔划分成 63、40、25、16、10、6.3、4.0、2.5、1.6、1.0、0.63、0.40、0.25、0.16、0.10、0.063、0.04、0.025、0.016、0.01 的 20 个等值区间。把孔隙喉道半径作为横坐标,并从毛管压力曲线上,对应这 20 个间隔的压力值分别查出其进汞饱和度,压力值低于排驱压力所对应的孔喉体积百分数为零,大于排驱压力值的每一间隔的饱和度差值,就是该间隔孔喉体积所占总体积的百分数(图 6-37)。

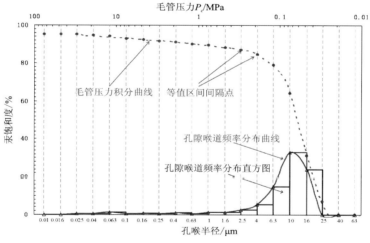

图 6-37 毛管压力、孔喉半径转换图

岩石最大连通孔吼半径、饱和度中值半径、未饱和汞孔隙度、最大进汞孔隙度、退出效率等是评价岩石微观孔喉特征及进行岩石分类的重要特征参数。有关专家曾采用 45 项参数,从不同角度描述储层微观孔隙结构特征。归纳起来可划分为两大类型:第一类是反映储层特性、储油和可动油能力的孔隙物性特征参数,包括不同喉道、饱和度等参数;第二类是反映储层孔隙结构均质程度的孔隙结构特征参数,包括分选系数、特征系数、峰态、偏度等参数。

1. 描述孔喉大小的特征参数

（1）最大孔喉半径 $R_{\max}$。排驱压力时非润湿相进入岩石的孔喉半径,也是岩石的最大连通喉道半径。

$$R_{\max} = 0.75/P_d \tag{6-37}$$

（2）中值孔喉半径 R_{50}。中值压力相对应的喉道半径是饱和度中值喉道半径 R_{50}，简称为中值半径。

$$R_{50} = 0.75/P_{c50} \tag{6-38}$$

（3）平均孔喉半径 $\overline{R}$。平均孔喉半径是指不同喉道半径间距对间距饱和度的加权平均值。

$$\overline{R} = \sum_{i=1}^{n} r_i S_{Hgi}/S_{\max} \tag{6-39}$$

式中：S_{Hgi} 为第 i 次测量的汞饱和度，%；r_i 为与 S_{Hgi} 对应的喉道半径，μm；$S_{\max}$ 为最大进汞饱和度。

（4）孔喉半径均值 D_M。孔喉半径均值为表征岩心孔隙尺寸平均大小的物理量。

$$D_M = \sum_{i=1}^{n} r_i S_{Hgi}/100 \tag{6-40}$$

式中变量含义同式（6-39）。

2. 描述孔喉分选性的特征参数

（1）分选系数 S_p。

分选系数又称标准偏差，为表征喉道大小分选程度的物理量。

$$S_p = \left[\sum_{i=1}^{n} S_{Hgi}(r_i - D_M)^2/100 \right]^{1/2} \tag{6-41}$$

（2）相对分选系数 D。相对分选系数又称变异系数，为表征孔隙大小分布相对均匀程度的物理量。

$$D = S_p/D_M \tag{6-42}$$

（3）孔喉歪度 S_{kp}。孔喉歪度是分布特征参数之一，它是分布不对称的测度，又可称偏度；歪度是用来描述孔喉大小分布状况的物理量。

$$S_{kp} = \frac{\sum_{i=1}^{n} S_{Hgi}(r_i - D_M)^3}{100 S_p^3} \tag{6-43}$$

第三节 储层类型划分及产能预测方法

本章内容从宁波地区 2 个井区核磁共振测井资料出发，探索基于核磁测井资料和试油资料的储层综合分类和产能分级方法，进而进行产能预测方法研究。在 F-5 和 F-6 井区以精确的渗透率计算方法为基础，进行储层动静态渗透率转化，获得储层动态渗透率，进而获得更准确的产能预测结果。

一、基于核磁共振测井的储层综合分类及产能预测方法

以核磁共振测井资料为基础，根据获取的有效孔隙度、渗透率，以及分选系数、最大进汞

饱和度、孔喉半径均值、排驱压力等微观孔隙结构参数,创建综合评价指数曲线 Z,达到划分储层产气级别的目的。

$$Z = \lg(\frac{\phi_e \cdot K \cdot S_p \cdot S_{\max} \cdot D_M}{P_d}) \qquad (6\text{-}44)$$

式中:ϕ_e 为有效孔隙度,%;K 为渗透率,$\times 10^{-3}\ \mu m^2$;S_p 为分选系数;$S_{\max}$ 为最大进汞饱和度,%;D_M 为孔喉半径均值,μm;P_d 为排驱压力,MPa。

为了方便储层级别的划分,采用比产气指数作为储层级别划分的依据,比产气指数定义为在单位厚度、单位压差条件下,储层的日产气量,定义如下:

$$J = Q /(T \times \Delta P \times H) \qquad (6\text{-}45)$$

式中:J 为比产气指数,$m^3/(d \cdot MPa \cdot m)$;$Q$ 为产气量,m^3;T 为时间,d;ΔP 为生产压差,MPa;H 为射孔厚度,m。

根据比产气指数的大小,把储层划分了 4 个级别,如下所示:

I 类储层:$Z>3.5$,$J>2000\ m^3/(d \cdot MPa \cdot m)$;

II 类储层:$2.5<Z<3.5$,$500<J<2000\ m^3/(d \cdot MPa \cdot m)$;

III 类储层:$1.5<Z<2.5$,$50<J<500\ m^3/(d \cdot MPa \cdot m)$;

IV 类储层:$Z<1.5$,$J<50\ m^3/(d \cdot MPa \cdot m)$。

再利用核磁资料,结合测试情况和比产气指数,制定储层综合分类评价标准(表 6-5)。

表 6-5 储层综合分类评价标准

分类	可动孔隙度/%	渗透率/$\times 10^{-3}$ μm^2	大孔/%	中孔/%	小孔/%	排驱压力/MPa	平均孔喉半径/μm	综合分类指数	比采气指数
I	>12	>10	>25	>40	\	<0.5	>0.5	>3.5	>2000
II	8~12	1~10	15~25	>50	\	0.5~1.0	0.25~0.5	2.5~3.5	500~2000
III	4~8	0.1~1	<15		>40	1.0~1.5	0.1~0.25	1.5~2.5	50~500
IV	<4	<0.1	<15	\	>40	>1.5	<0.1	<1.5	<50

二、基于核磁储层综合分类效果分析

结合以上建立的储层综合分类评价标准,对研究区具有核磁测井资料的井进行储层类型划分和综合评价,应用效果显著,为产能预测奠定了基础。

F-5 井区共两口井有核磁共振测井资料,分别为 F-5-2 井和 F-5-3 井。图 6-38 和图 6-39 分别为 F-5-2 井 H3 段和 F-5-3 井 H3 段,基于核磁共振测井的储层综合分类效果图,其中最后一道为储层综合分类结果。从图中可以看出两口井 H3a 储层,可动孔隙度小,以中小孔隙占比为主,储层分类为 IV 类;F-5-2、F-5-3 井 H3b 储层垂向非均质性强,中下部为优势甜点储层,储层分类以 I、II 类为主。

图 6-40 为 F-5-2 井 H4 段储层综合分类效果图。图中 F-5-2 井 H4 储层孔渗较差,可动

孔隙度小，以中小孔隙占比为主，储层分类为Ⅳ类。

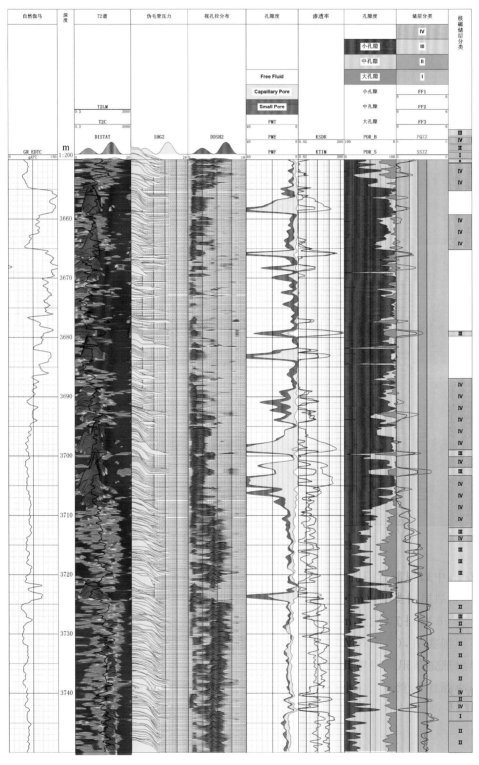

图 6-38　F-5-2 井 H3 段储层综合分类效果图

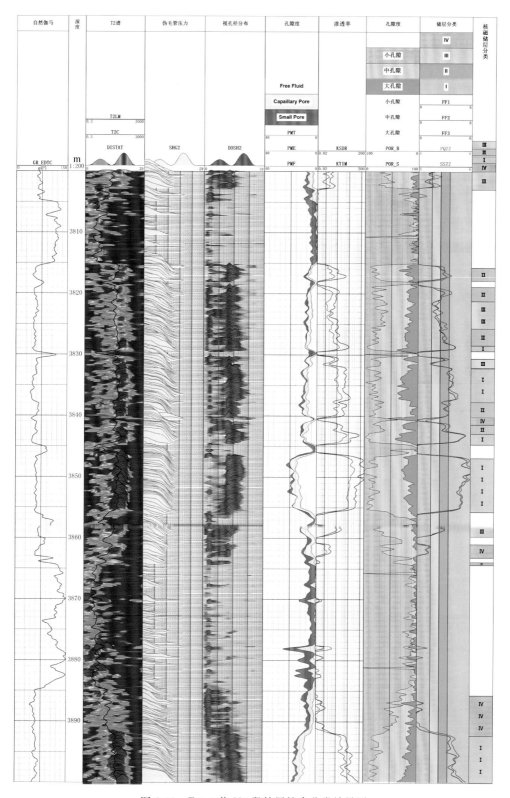

图 6-39 F-5-3 井 H3 段储层综合分类效果图

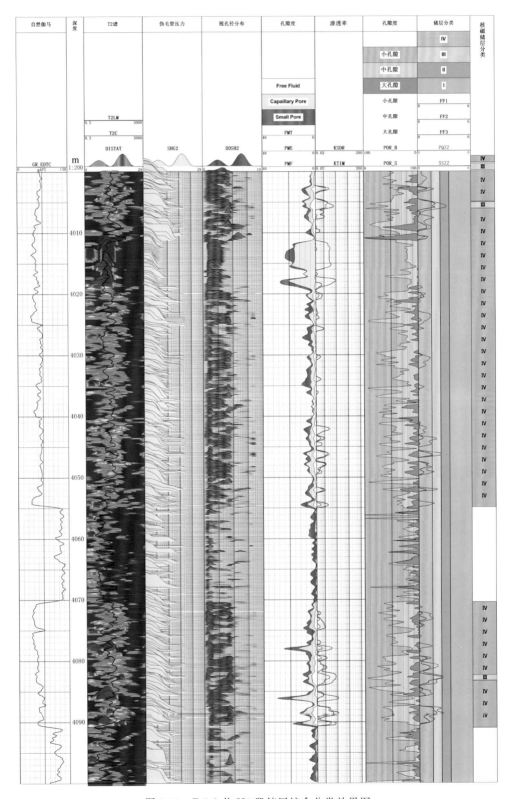

图 6-40　F-5-2 井 H4 段储层综合分类效果图

　　F-6 井区两口井有核磁共振测井资料,分别为 F-6-1 井和 F-6-4 井。图 6-41 和图 6-42 分别为 F-6-1 井 H3 段和 F-6-4 井 H3 段基于核磁共振测井的储层综合分类效果图,其中最后一道为储层综合分类结果。从图中可知 F-6-1 井 H3 储层,垂向非均质性强,储层分类主要为Ⅳ类,中下部发育优质储层;F 6 4 井 Ⅱ3 储层,下部以大、中孔隙为主,为优势甜点储层,储层分类主要为Ⅰ、Ⅱ类。

　　图 6-43 和图 6-44 分别为 F-6-1 井和 F-6-4 井 H4 段基于核磁共振测井的储层综合分类效果图,可以发现 F-6-1 井和 F-6-4 井 H4 段储层可动孔隙度小,以中小孔隙为主,分类主要为Ⅳ类;底部为优势甜点储层,储层分类主要为Ⅰ、Ⅱ类。

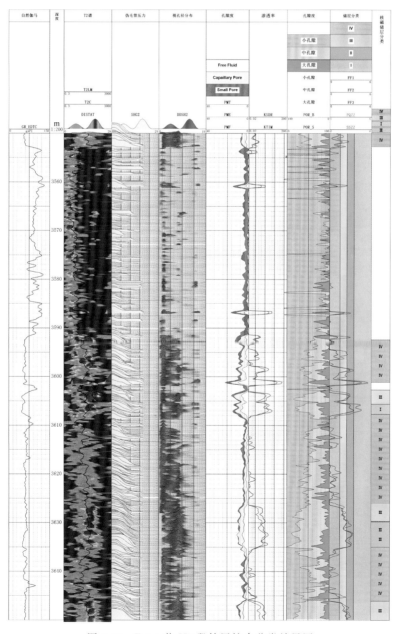

图 6-41　F-6-1 井 H3 段储层综合分类效果图

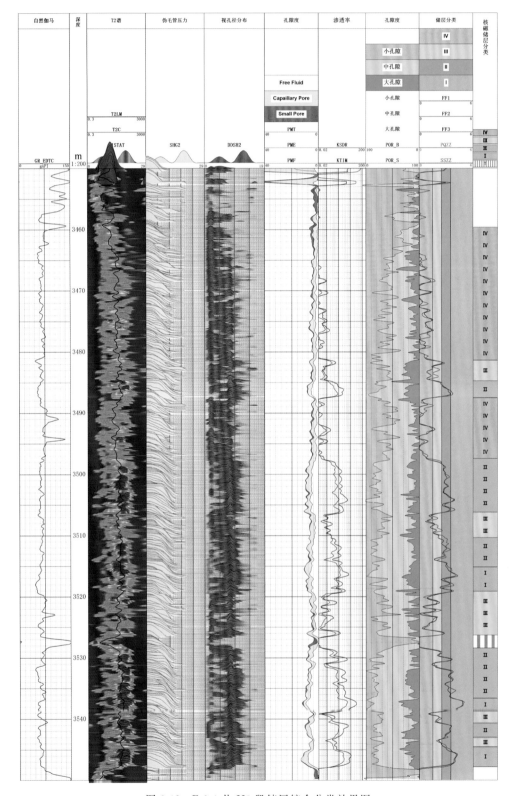

图 6-42　F-6-4 井 H3 段储层综合分类效果图

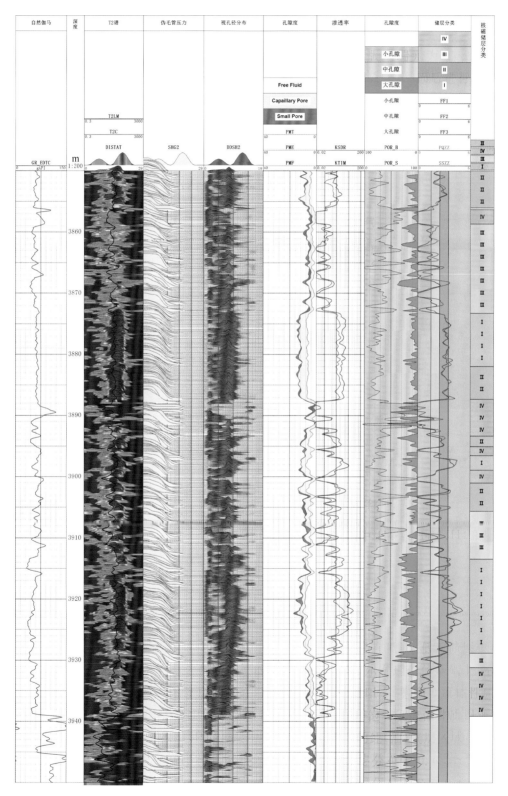

图 6-43　F-6-1 井 H4 段储层综合分类效果图

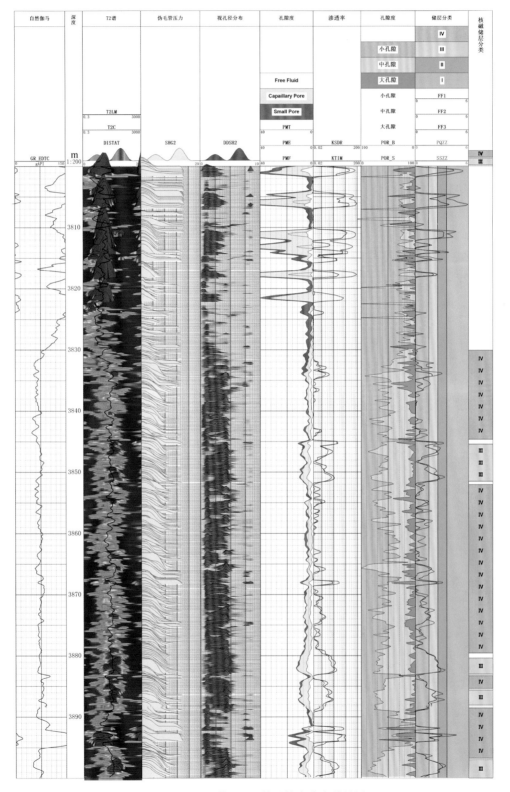

图 6-44　F-6-4 井 H4 段储层综合分类效果图

三、基于核磁储层分类产能预测效果分析

结合储层综合分类结果及产能分级,以式(6-45)为基础,可以对储层产能进行预测,进而验证该储层级别划分、产能级别划分以及产能预测方法的适用性和可靠性。

如图6-45为F-5-3井H3a段储层产能预测分析图,其中在射孔层段储层分类结果为典型Ⅳ类储层,以小孔隙为主,射孔厚度31m,按照Ⅳ类储层级别确定的比产气指数<50m³/(d·MPa·m)分析,根据式(6-45)可预测产能,其中生产压差按照地层测试结果获得,为21.5MPa,比产气指数取最大值50m³/(d·MPa·m)可预测最大产能。最终预测最大产能为33 325m³/d。

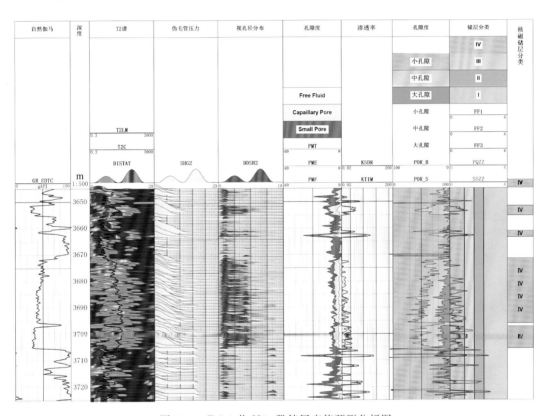

图6-45 F-5-3井H3a段储层产能预测分析图

如图6-46为F-6-1井H3段储层产能预测分析图,其中在射孔层段储层以中、小孔隙为主,储层综合分类结果大部分为Ⅳ类储层,其中Ⅱ类储层厚度8.3m,比产气指数500~2000m³/(d·MPa·m);Ⅲ类储层厚度6.9m,比产气指数50~500m³/(d·MPa·m);Ⅳ类储层厚度27.8m,比产气指数<50m³/(d·MPa·m),由于Ⅳ类储层与其他几类储层相比产能极少,可以忽略对产能的贡献。根据式(6-45)预测产能,其中生产压差按照地层测试结果为25.0MPa,比产气指数分别取最大值和最小值可以得到预测产能的最大值和最小值。最终预测最小产能为11.2万m³/d,最大产能为50.1万m³/d。

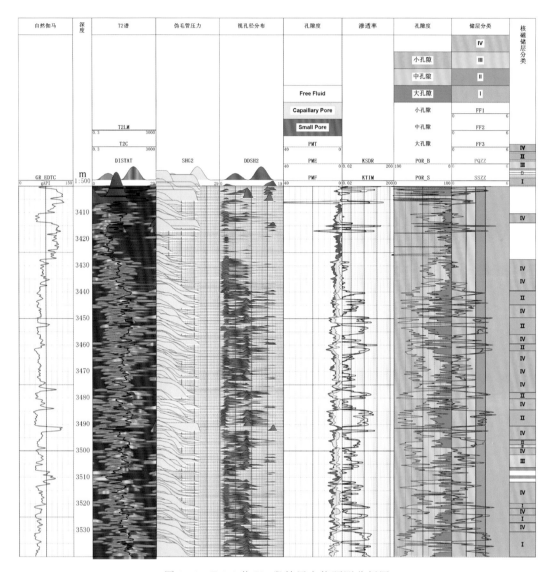

图 6-46　F-6-1 井 H3 段储层产能预测分析图

如图 6-47 为 F-6-1 井 H4 段储层产能预测分析图,其中在射孔层段储层以中孔隙为主,其中 Ⅰ 类储层厚度 11.1m,对应比产气指数＞2000m³/(d·MPa·m);Ⅱ 类储层厚度 10.0m,比产气指数 500～2000m³/(d·MPa·m);Ⅲ 类储层厚度 8.9m,比产气指数 50～500m³/(d·MPa·m);Ⅳ 类储层厚度 27.8m,比产气指数＜50m³/(d·MPa·m),Ⅳ 类储层对产能基本无贡献,可以忽略对产能的贡献。根据式(6-45)预测产能,其中生产压差按照地层测试结果为 14 6MPa,比产气指数取最小值可以得到预测产能的最小值。最终预测最小产能为 39.7 万 m³/d。

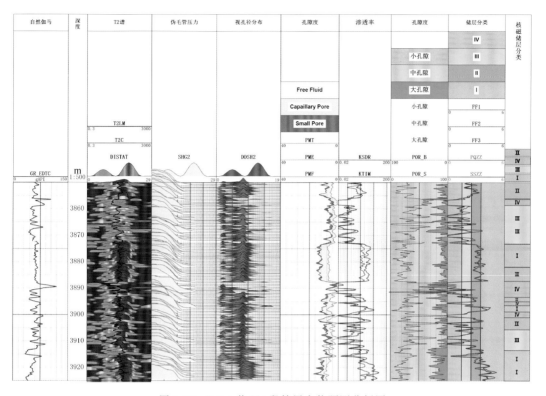

图 6-47　F-6-1 井 H4 段储层产能预测分析图

第七章　低孔低渗储层测录井评价实例及总结

第一节　低孔低渗储层流体性质识别方法实例

一、低孔低渗储层流体录井识别

低孔低渗储层流体录井识别主要包含特征值选取、特征值计算与处理、气测异常倍率法解释、气测组分法解释和测录井联合识别方法解释等。其中使用的核心技术是气测异常倍率流体识别技术、气测组分流体识别技术、测录井联合流体识别技术，三种核心技术相辅相成、互相印证，能得出可靠的解释结论。

1. 特征值选取

特征值选取是进行下一步解释的基础，本书使用的特征值选取方法，主要考虑了气测异常的显示级别，将不同显示级别用不同的数值表示，有利于进行下一步解释与处理。

2. 特征值计算与处理

特征值计算与处理主要包含异常倍率计算、气测甲烷占比、气测重烃占比、$Tg_{归一}$、$Tg_{权重}$、$P40H_{归一}$、$P40H_{权重}$、$C_1/C_{2+归一}$、$C_1/C_{2+权重}$。特征值求取多数情况下取半幅点内的平均值；Tg标准取 $Tg=8\%$；P40H 标准取 $P40H=40\Omega \cdot m$；C_1/C_{2+} 标准取 $C_1/C_{2+}=50$（表 7-1、表 7-2）。

表 7-1　目标层异常倍率及气测组分数据计算结果

层号	顶深/ m	底深/ m	P40H/ $\Omega \cdot m$	GR/ API	Tg/ %	$Tg_{基准}$/ %	Tg 异常倍率	Tg 甲烷占比	Tg 重烃占比
H2-1	3367	3375	8.1	74.8	8.0	0.195	40.98	0.568	0.022
H3-1	3427	3443	24.0	81.6	2.5	0.170	14.49	0.622	0.024
H3-2	3462	3487	46.3	68.6	5.9	0.170	34.51	0.611	0.024
H3-3	3492	3534	40.7	71.3	2.9	0.170	17.19	0.547	0.022
H3-4	3593	3606	7.1	74.1	9.1	0.176	51.77	0.587	0.021

续表 7-1

层号	顶深/m	底深/m	P40H/Ω·m	GR/API	Tg/%	Tg基准/%	Tg异常倍率	Tg甲烷占比	Tg重烃占比
H3-5	3625	3655	42.7	74.7	6.1	0.176	34.46	0.581	0.022
H4-1	3776	3788	24.6	58.3	5.0	0.230	21.86	0.643	0.034
H4-2	3811	3845	27.3	71.3	2.4	0.127	19.06	0.544	0.021
H4-3	3872	3925	21.5	74.5	6.6	0.127	51.72	0.548	0.021
H5-1	4020	4037	45.6	65.5	0.9	0.203	4.32	0.393	0.027
H5-2	4073	4088	27.4	88.8	1.2	0.187	6.39	0.503	0.038
H5-3	4120	4140	30.7	81.5	0.8	0.159	4.77	0.485	0.041
H5-4	4202	4221	37.5	70.1	1.0	0.302	3.28	0.514	0.047
H6-1	4303	4322	31.8	76.6	1.1	0.433	2.58	0.479	0.041

表 7-2 目标层三端元权重值计算结果

层号	顶深/m	底深/m	P40H/Ω·m	GR/API	Tg/%	Tg校正/%	C_1/C_{2+}归一	Tg归一	P40H归一	C_1/C_{2+}权重	Tg权重	P40H权重
H2-1	3367	3375	8.1	74.8	8.0	5.6	0.52	0.70	0.20	0.37	0.49	0.14
H3-1	3427	3443	24.0	81.6	2.5	3.7	0.51	0.46	0.60	0.33	0.29	0.38
H3-2	3462	3487	46.3	68.6	5.9	4.4	0.51	0.55	1.16	0.23	0.25	0.52
H3-3	3492	3534	40.7	71.3	2.9	4.3	0.50	0.54	1.02	0.24	0.26	0.50
H3-4	3593	3606	7.1	74.1	9.1	6.2	0.56	0.78	0.18	0.37	0.51	0.12
H3-5	3625	3655	42.7	74.7	6.1	7.0	0.53	0.87	1.07	0.21	0.35	0.43
H4-1	3776	3788	24.6	58.3	5.0	3.9	0.38	0.49	0.62	0.26	0.33	0.41
H4-2	3811	3845	27.3	71.3	2.4	3.6	0.51	0.45	0.68	0.31	0.28	0.42
H4-3	3872	3925	21.5	74.5	6.6	5.5	0.52	0.68	0.54	0.30	0.39	0.31
H5-1	4020	4037	45.6	65.5	0.9	1.9	0.29	0.24	1.14	0.17	0.14	0.68
H5-2	4073	4088	27.4	88.8	1.2	2.2	0.26	0.28	0.68	0.21	0.23	0.56
H5-3	4120	4140	30.7	81.5	0.8	2.9	0.24	0.36	0.77	0.17	0.26	0.56
H5-4	4202	4221	37.5	70.1	1.0	2.0	0.22	0.25	0.94	0.15	0.18	0.67
H6-1	4303	4322	31.8	76.6	1.1	2.8	0.23	0.35	0.80	0.17	0.26	0.58

3. 气测异常倍率法解释

气测异常倍率法解释主要依靠气测异常倍率图版进行解释,气测异常倍率图版为横坐标 $Tg_{特征值}/Tg_{基准值}$ 与纵坐标 $Tg_{基准值}$ 的交会图,可以解释烃类层、致密层、气水层、水层等流体性质。

图 7-1 为 G-1 井的 H2、H3 层解释结果,气测异常倍率法解释显示:H2 层的 H2-1 目标层为气层;H3-1 层为气层与致密层的交界处,解释为差气层;H3-2、H3-3、H3-4、H3-5 层为气层。

图 7-2 为 G-1 井的 H4、H5、H6 层解释结果,气测异常倍率法解释认为:H4-2 层处于气层与致密层之间,为差气层;H4-1、H4-3 层为气层;H5-1、H5-2、H5-3、H5-4、H6-1 层为致密层。

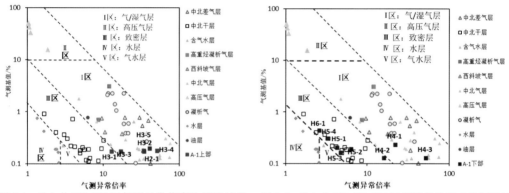

图 7-1　G-1 井 H2、H3 层气测异常倍率法解释结果　　图 7-2　G-1 井 H4、H5、H6 层气测异常倍率法解释结果

4. 气测组分法解释

气测组分法主要依靠气测组分识别图版进行解释,气测组分识别图版的横坐标为气测甲烷占比(C_1/Tg),纵坐标为气测重烃占比(C_{2+}/Tg),此图版需配合气测异常倍率图版使用,将气测异常倍率法不能很好解释的气层、湿气层、凝析气层等有效地划分出来。

图 7-3 为 H2、H3 层气测组分解释结果,结果显示均为干气层。图 7-4 为 H4、H5、H6 层气测组分法解释结果,气测组分法解释显示 H4、H5、H6 层共 3 个目标层均为干气层。

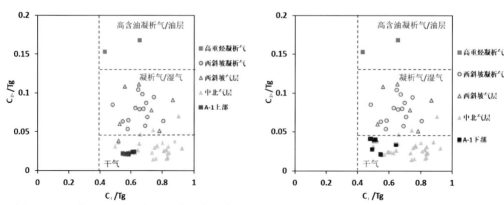

图 7-3　G-1 井 H2、H3 层气测组分法解释结果　　图 7-4　G-1 井 H4、H5、H6 层气测组分法解释结果

5.随钻测录井联合识别方法解释

测录井联合识别方法主要依靠权重三角图版,权重三角图版三端元为 $Tg_{校正}$、P40H、C_1/C_{2+},经过标准值归一化、等权重分配以后将数据点投放到解释图版中,而后进行解释。此图版能有效地使用气测录井数据、随钻测井数据,解释准确率提高,此图版主要用于解释气层、凝析气层、低阻气层、致密层、水层等。

图 7-5 为 G-1 井 H2、H3 层测录井联合识别方法解释结果,其中 H2-1 层为气层与低阻气层的交界处,解释为较低阻气层;H3-4 层为低阻气层;H3-1 层为气层与致密层交界处,解释为差气层;H3-2、H3-4、H3-5 层为气层。

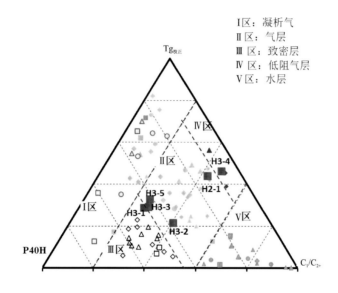

图 7-5　G-1 井 H2、H3 层测录井联合识别方法解释结果

图 7-6 为 H4、H5、H6 层测录井联合识别方法解释结果,其中 H4-1、H4-2、H4-3 层为气层,H5-1、H5-2、H5-3、H5-4、H6-1 层为致密层。

图 7-7 为 G-1 井 H2～H6 层录井联合识别方法解释结果图。

二、测井图版法

在常规储层中,电阻率对比度能有效区分油气层与水层,但是在低孔、低渗储层中,由于孔喉结构复杂,单一电性并不能有效判断储层的流体性质。在阿尔奇理论的基础上,本书利用常规电阻率测井资料,充分考虑储层的物性,建立了孔隙度-电阻率-饱和度流体性质识别图版。图 7-8 为某气田 G-2 井 P3c、P4a 及 P4b 层孔隙度-电阻率-饱和度流体性质识别图版。从图 7-8 中可以看出,G-2 井 P3c_1、P3c_2 层均分布于 $S_w \leqslant 0.6$ 的纯(油)气层区域,结合测录井特征,综合解释为气层,解释结果与测试结果相吻合;P3c_3 层分布于 $0.6 \leqslant S_w \leqslant 0.7$ 的(油)气水同层区域,结合测录井特征,综合解释为气水同层;P4a 层分布于 $S_w \leqslant 0.6$ 的纯(油)气层区域,结合测录井特征,综合解释为气层,解释结果与测试结果相吻合;P4b 层分布于

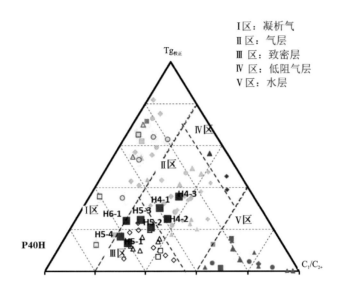

图 7-6　G-1 井 H4、H5、H6 层测录井联合识别方法解释结果

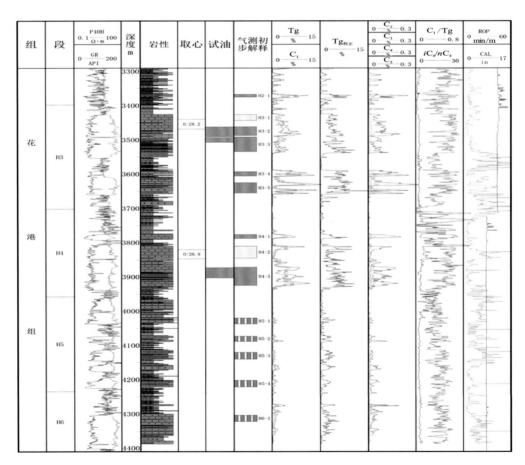

图 7-7　G-1 井录井解释结果图

$0.6 \leqslant S_w \leqslant 0.7$ 的（油）气水同层区域，结合测录井特征，综合解释为气水同层，对应深度的压裂 DST 测试（4 231.7～4 244.0m），解释结果与测试结果相吻合。图 7-9 为该气田 G-2 井 P3c、P4a 及 P4b 层流体识别成果图，从图 7-9 中可以看出，中子-密度和泊松比-体积压缩系数均呈明显的"镜像"交会特征；气测异常明显，组分齐全，对比度高，说明各层均为明显的含气特征。

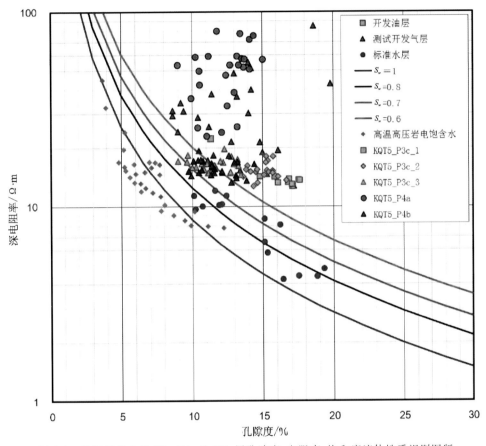

图 7-8　某气田 G-2 井 P3c、P4a 及 P4b 层孔隙度-电阻率-饱和度流体性质识别图版

三、岩心高温高压岩电实验电阻率对比油气水识别方法

由于岩心实验室测量电阻率与实际测井电阻率具有很好的可对比性。本书利用模拟实际地层条件下电阻率测井环境（地层水矿化度、温度、压力）来测量岩心实验电阻率，基于与实测测井电阻率差异进行储层油气水识别。若岩心实验室分析电阻率（束缚水条件）与测井深电阻率一致，则为油气层；若岩心实验室分析电阻率（束缚水条件）高于测井深电阻率，则储层含可动水，电阻率差异越大，含可动水越多；若岩心实验室分析电阻率（饱含水条件）与测井深电阻率一致（暂不考虑深电阻率受泥浆滤液侵入影响），则为纯水层。

G-3 井 H6 层岩性为泥质粉砂岩、细砂岩。储层物性非均质性较强，整体为低渗、特低渗致密储层。储层中上部气层异常明显，对比度高，组分齐全；中子与密度"镜像"交会明显，储层呈明显的含气特征。图 7-10 为 G-3 井 H6 层岩心高温高压岩电实验电阻率对比解释成果

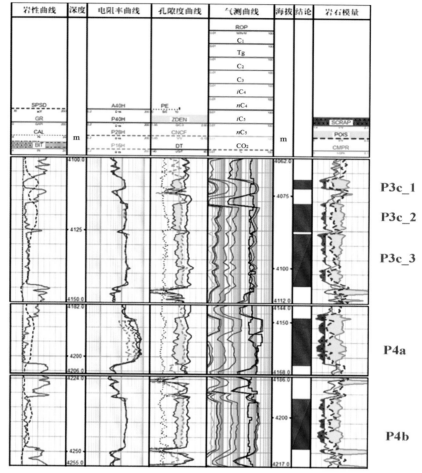

图 7-9　某气田 G-2 井 P3c、P4a 及 P4b 层流体识别成果图

图,第 5 道为电阻率道,其中:褐色圆点为高温高压与地层水矿化度条件下饱含水(100%含水)岩心测量电阻率;红色圆点为高温高压与地层水矿化度条件下束缚条件岩心测量电阻率,其电阻率大小与实测浅电阻率 P40H 吻合性较好,结合测录井特征,H6 层综合解释为气层,不含可动水。

第二节　低孔低渗储层参数精细解释

一、渗透率定量解释

　　N 区块花港组主要目的层为低孔低渗储层,该区块化港组储层渗透率评价采用流动单元法,如图 7-10(a)所示将花港组储层分为五类流动单元,每类流动单元根据孔渗关系建立对应的渗透率计算模型,见图 7-10(b)及表 7-3,图 7-11 为该区块 N-1 井 H3 层渗透率处理成果图,如图所示该层渗透率评价结果与岩心分析基本吻合。

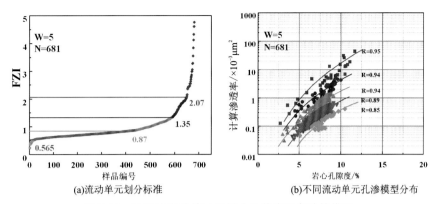

(a)流动单元划分标准 (b)不同流动单元孔渗模型分布

图 7-10 N区块流动单元法划分及其渗透率计算模型

表 7-3 N区块流动单元带法渗透率计算模型统计表

流动单元类型	FZI	渗透率计算公式	相关系数 R
一类	FZI>2.07	$\lg K = 0.231\phi - 1.25$	0.95
二类	1.35<FZI<2.07	$\lg K = 0.208\phi - 1.448$	0.94
三类	0.87<FZI<1.35	$\lg K = 0.235\,23\phi - 2.022$	0.94
四类	0.565<FZI<0.87	$\lg K = 0.21\phi - 2.1766$	0.89
五类	FZI<0.565	$\lg K = 0.192\,3\phi - 2.366$	0.85

二、饱和度精细评价

（一）含水饱和度精细评价

某气田花港组储层属于陆相背景下的浅水湖泊—三角洲沉积体系，其岩性主要为浅灰色细砂岩、中砂岩，部分储层为含砾砂岩，总体属于中低孔、中低渗储层到特低孔特、低渗储层，纵向上储层物性非均质性较强，可采用变 m 值西门度模型（参见第五章，在此不再叙述）及地层因素 F-RC50 饱和度模型开展含水饱和度精细评价。

地层因素 F-RC50 饱和度模型：对于非均质性强的储层，充分考虑储层的孔隙结构对于建立更准确的饱和度模型，评价储层含水饱和度有重要意义。中值半径是表征储集层孔隙结构的一个重要参数，而核磁共振测井提供了精确的储层孔隙度和丰富的孔隙结构方面的信息，为中值半径的计算提供了有利途径。

中值半径可以利用核磁测井资料转换的伪毛管压力数据获得。通过建立核磁测井 T_2 谱与实验毛管压力曲线的转换关系，可以将 T_2 曲线转换为伪毛管压力曲线，并基于伪毛管压力曲线获得储层孔隙结构特征参数。

首先利用微分相似原理确定每块岩样的核磁共振 T_2 谱与压汞曲线之间的横向转换系数

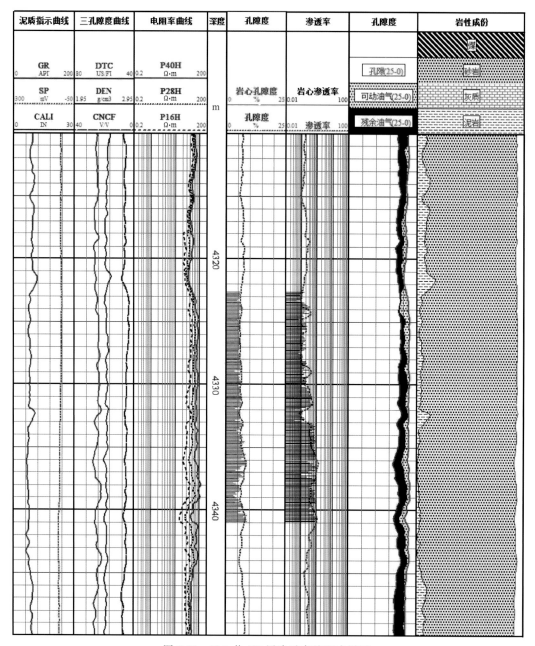

图 7-11 N-1 井 H3 层渗透率处理成果图

C,然后利用最大汞饱和度确定每块岩样核磁共振 T_2 谱与压汞曲线之间的纵向转换系数 D（图 7-12）。

最后建立横向转换系数 C、纵向转换系数 D 与核磁共振 T_2 谱提供的物性参数之间的关系,在核磁共振测井中利用得到的转换系数关系式定量计算伪毛管压力曲线。

$$P_c = f(\frac{C}{T_2}) \times D \tag{7-1}$$

中值半径参数还有另外一种途径可以获取。基于压汞实验资料可以发现,渗透率与中值

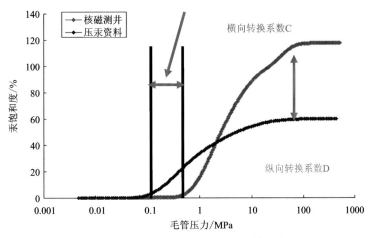

图 7 12　核磁 T_2 谱纵、横向转换系数示意图

半径具有较好的相关性，如图 7-13 所示，因此可以利用渗透率计算中值半径。

$$RC\,50 = 1.063\ 2 \times K^{0.3763} \tag{7-2}$$

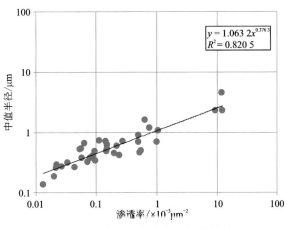

图 7-13　渗透率与中值半径的关系

　　因此可以基于上述两种方法计算中值半径，由图 5-67 可知，确定了中值半径即可得到地层因素 F，进一步利用式(5-30)即可计算储层的含水饱和度。

（二）含水饱和度标定

1. 密闭取心含水饱和度校正与标定

　　为了准确刻度及验证测井计算的含水饱和度参数，利用某井 E3h3b 密闭取心挥发性实验分析结果，对其他井密闭取心含水饱和度做了校正。

　　某井 E3h3b 密闭取心时，在现场选取了 6 块样品进行了挥发性实验。根据密闭取心挥发量曲线图(图 7-14)可以看出，含水饱和度的挥发主要集中在 0.5h 之内。现场每块样品取样时间控制在 7min 以内，由图 7-15 可以看出，时间为 7min 时密闭取心饱和度挥发量为 3% 左

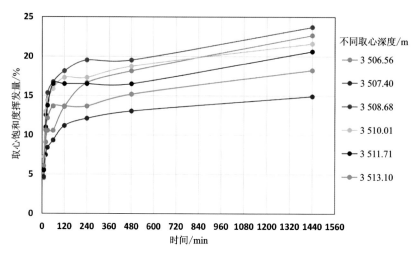

图 7-14 某井 E3h3b 密闭取心饱和度 24h 挥发量曲线图

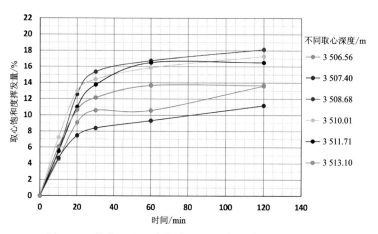

图 7-15 某井 E3h3b 密闭取心饱和度 2h 挥发量曲线图

右,因此对所有密闭取心饱和度进行挥发校正(+3%)后,再用来标定测井解释含水饱和度。

从密闭取心化验分析的含水饱和度和测井计算的含水饱和度对比来看(表 7-4),测井解释含水饱和度与密闭取心含水饱和度绝对误差≤±5%,符合储量规范要求。

表 7-4 某气田密闭取心含水饱和度与测井解释含水饱和度对比表

井号	层位	筒次	取心井段/m	归位深度/m	密闭取心/%	S_w/%	绝对误差/%		
N2	E3h4b	2	3 885.13	3 893.7	3 890.33	3 898.9	48.0	50.5	2.6
							64.8	65.0	0.2
	E3h6	5	4 317.07	4 325.57	4 322.67	4 331.17	59.0	55.8	−3.2
N3	E3h3b	1	3 598.5	3 607.12	3 601.80	3 610.42	56.2	68.8	12.6

续表 7-4

井号	层位	筒次	取心井段/m	归位深度/m	密闭取心/%	S_w/%	绝对误差/%		
N4	E3h3b	1	3 506.28	3 514.93	3 504.98	3 513.63	43.2	44.5	1.3
							51.1	49.7	−1.4
	E3h4b	2	3 910.01	3 919.01	3 909.71	3 918.71	56.2	53.5	−2.7
							53.9	58.5	4.6

2. 毛管压力束缚水饱和度评价

束缚水饱和度是表征储层物性的重要参数之一,在砂泥岩储层评价中有着重要意义。随着孔隙度和渗透率的变化,孔隙结构越来越复杂,束缚水饱和度对评价储层物性的作用就越明显,对于低孔低渗储层,能准确评价束缚水饱和度有着重要意义。常规确定束缚水体积实验方法有以下几种,相渗实验、离心实验、核磁实验、隔板及压汞毛管压力实验;常规确定束缚水体积测井方法有以下几种,核磁测井方法、区域束缚水模型方法。

基于某气田大量的岩心压汞毛管压力实验分析资料,利用 Purcell 法确定储层的束缚水饱和度。在渗透率累计贡献 99% 时,对应的含水饱和度作为束缚水饱和度,建立束缚水饱和度与综合物性参数的关系来计算储层的束缚水饱和度(图 7-16)。

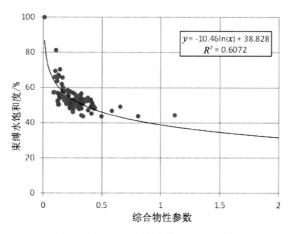

图 7-16 某气田束缚水饱和度计算模型

三、实际应用效果分析

图 7-17 为 N4 井 H3b 层基于变 m 值利用西门度公式计算的含水饱和度测井综合解释成果图。图中第 12 道为含水饱和度道,其中红色线 SWF 为变 m 值利用西门度公式计算的含水饱和度,蓝色线 SWE 为定 m 值利用西门度公式计算的含水饱和度,其余杆状线为岩心分析含水饱和度。从图中可以看出 3550m 以上气层,两种方法计算的含水饱和度基本一致,且与岩心分析结果吻合较好;但 3550m 以下,变 m 值计算的含水饱和度接近 100%,为水层,定 m 值计算的含水饱和度为 60%~70%,气水同层,与测试结论吻合。综合分析认为,变 m 值计

算的含水饱和度精度更高且合理(特别是储层底部物性较好的储层段),明显优于定 m 值利用西门度公式计算的含水饱和度,与测试结论完全吻合,实际应用效果较好。

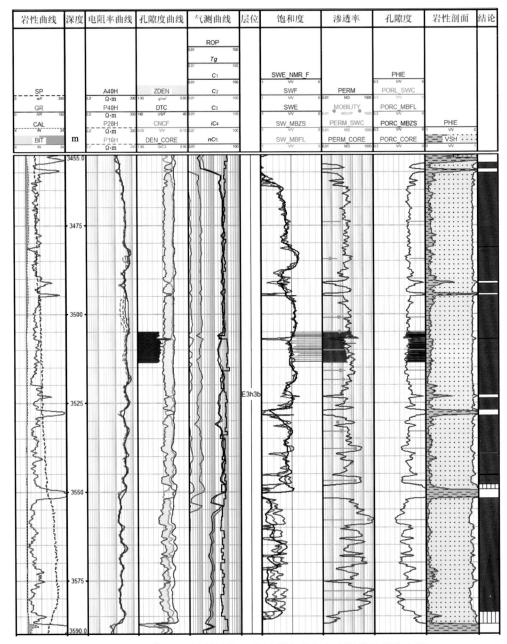

图 7-17　N4 井 H3b 层利用变 m 值计算含水饱和度测井解释综合图

图 7-18 为 N4 井 H3b 层利用 F-RC$_{50}$ 饱和度模型计算的含水饱和度测井综合解释成果图。图中第 12 道为含水饱和度道,其中红色线 SWF 为基于渗透率利用 F-RC50 饱和度模型计算的含水饱和度;黑色线 SWE_NMR_F 为基于核磁测井资料转换的伪毛管压力曲线换算的中值半径 RC50 利用 F-RC50 饱和度模型计算的含水饱和度;蓝色线 SWE 为定 m 值利用

西门度公式计算的含水饱和度,其余杆状线为岩心分析含水饱和度。从图中可以看出 3550m 以上气层,三种方法计算的含水饱和度基本一致,且与岩心分析结果吻合较好;但 3550m 以下,利用 F-RC50 饱和度模型计算的两种含水饱和度为 $80\% \sim 90\%$,定 m 值计算的含水饱和度为 $60\% \sim 70\%$,与测试结果吻合。综合分析认为,利用 F-RC50 饱和度模型计算的含水饱和度精度更高且合理(特别是储层底部物性较好的储层段),明显优于定 m 值利用西门度公式计算的含水饱和度,与测试结论吻合性较好,实际应用效果较好。

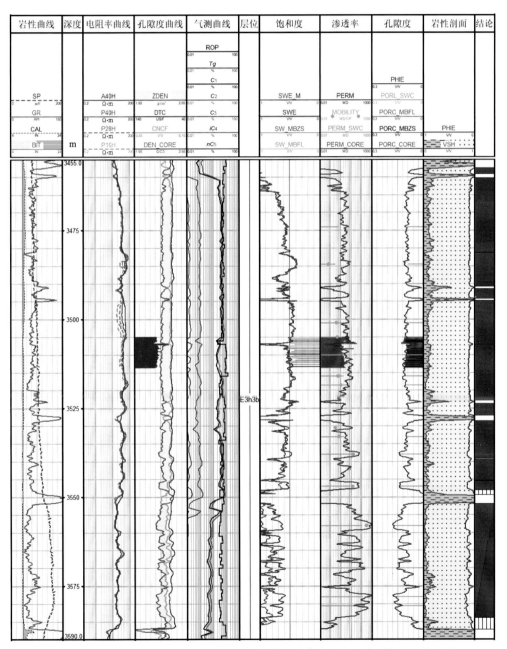

图 7-18　N4 井 H3b 层利用 F-RC 50饱和度模型计算含水饱和度测井解释综合图

图 7-19 为 N4 井 H4b 层含水饱和度与束缚水饱和度对比图,图中第 14 道为饱和度道,其中蓝色线 SWE 为测井计算的含水饱和度,红色线 SWI 为测井计算的束缚水饱和度,杆状线为岩心分析含水饱和度,在气层段含水饱和度与束缚水饱和度吻合较好,气水同层段含水饱和度远大于束缚水饱和度,双饱和度能有效相互验证。综合以上说明,该气田含水饱和度与束缚水饱和度计算均合理。

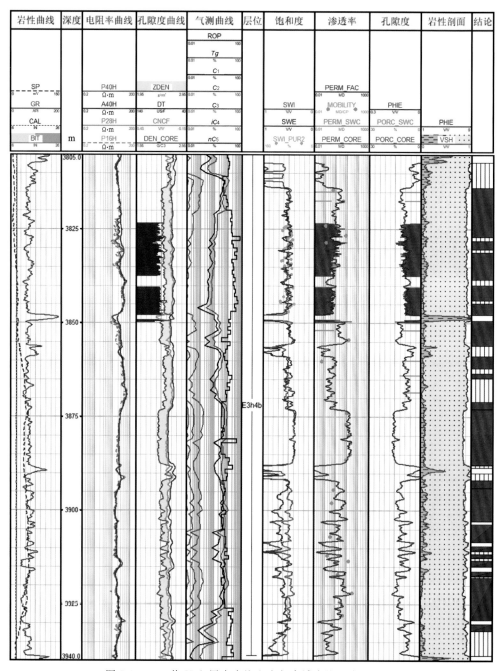

图 7-19　N4 井 H4b 层含水饱和度与束缚水饱和度对比图

第三节　低孔低渗储层测录井评价效果及总结

西湖凹陷深层低渗 致密储层非均质强,岩性、孔隙结构、流体分布关系复杂,导致录井油气异常幅度低、测井资料对储层变化和孔隙流体的分辨能力降低,给储层流体识别及评价提出了极大挑战。通过针对性配套的岩石物理等相关实验,开展符合西湖凹陷低孔低渗储层特点的测录井精细评价方法研究,形成了低孔低渗储层测录井综合识别及定量评价技术,主要包含以下成果及创新。

(1)通过钻井液侵入实验,明确了钻井液侵入特征及其对电阻率影响;在此基础上开展了钻井液侵入动态模拟及电阻率反演算法实现。

(2)在对气测值进行归一化校正基础上,创建低渗-致密储层流体随钻期间测录井一体化快速识别方法;结合模拟地层温压条件下岩心岩电实验成果,建立西湖凹陷深层不同区块孔隙度-电阻率储层气水识别图版;在电性特征基础上,综合三孔隙度曲线、阵列声波等测井信息综合建立了一套低渗-致密储层含气性识别及气油比评价技术。

(3)针对复杂孔隙结构对储层电性影响大,含水饱和度模型及岩电参数难以确定的问题,针对性开展模拟地层温压条件岩电实验、三维数字岩心等岩石物性实验,在研究微观孔隙结构对储层电性特征的影响机理及含水饱和度模型关键参数变化规律基础上,创新性提出了通过三维数字岩心实验及模拟地层温压岩电实验求取变 m 值饱和度模型参数,以及通过开展模拟地层温压岩电实验,基于西门度含水饱和度公式求取岩电参数的方法,集成创新形成了东海特色复杂孔隙结构低渗-致密储层含水饱和度评价技术。

(4)分析东海低渗-致密砂岩地层水赋存机理、油气成藏动力机制,并结合油气田开发生产特征,提出强、弱束缚水概念,将地层水划分为可动水、强束缚水和弱束缚三种类型,并相应地建立了三类地层水的评价方法;在建立低渗-致密气藏含水饱和度与强束缚水、弱束缚水之间关系的基础上,形成了低渗-致密气藏解释标准,预判生产出水概率,为东海低渗-致密气藏合理测试及有效开发提供指导。

(5)针对东海低渗-致密强非均质性储层渗透率与孔隙度之间呈非线性关系的问题,从影响储层渗透性的渗流机理入手,针对性引入地层流动单元、岩相等相关因子,找出其与储层渗透率的内在相关性,形成以岩相相控模型、常规测井-流动单元法(FZI)、高端测井-压汞Swanson 参数法、核磁共振测井法为技术核心的渗透率综合定量评价方法,因而该技术是多种引入技术在东海首次创新改进型应用。在应用过程中,根据不同测井系列及岩心资料基础,针对性优选渗透率模型方法,显著提高了东海低渗-致密强非均质性储层渗透率的评价精度。

主要参考文献

蔡军,张恒荣,曾少军,等,2016.随钻电磁波电阻率测井联合反演方法及应用[J].石油学报,37(3):371-381.

杜武军,杨登科,2013.基于气测录井资料校正方法研究[J].内蒙古石油化工,9:18-19.

曹凤俊,2008.气测录井资料的影响分析及校正方法[J].录井工程,19(1):22-24.

胡向阳,吴健,陈嵘,等,2012.南海珠江口盆地文昌A凹陷低孔低渗油气层测井识别方法及应用[J].海洋地质前言,(6):46-50.

黄导武,刘建新,2006.海上油气田油气水层自然电位特征及机理浅析[J].测井技术,30(2):164-167.

黄志龙,胡森清,鲁法伟,等,2020.低渗透储层流体随钻快速识别方法与应用[M].北京:石油工业出版社.

李国欣,欧阳健,周灿灿,等,2006.中国石油低电阻油层岩石物理研究与测井识别评价进展[J].中国石油勘探(2),2:43-50.

李瑞娟,陆云龙,李兴丽,等,2017.测压资料在渤海油田开发中的新应用[J].石油地质与工程,31(1):107-110.

刘红岐,刘建新,代春明,等,2015.渤中地区EWR-Phase 4随钻测井异常响应特征[J].西南石油大学学报(自然科学版),37(2):73-81.

刘建新,胡文亮,高楚桥,等,2019.东海地区低渗-致密储层含水饱和度定量评价方法[J].中国海上油气,31(3):108-116.

欧阳健,王贵文,毛志强,等,1999.测井地质分析与油气层定量评价[M].北京:石油工业出版社.

邵维志,贵兴海,郝丽萍,等,2014.浅析核磁共振测井在储层流体性质识别方面的局限性[J].测井技术,38(6):684-689.

邵维志,2003.核磁共振测井移谱差谱法影响因素实验分析[J].测井技术,27(6):502-507.

孙建孟,吴金龙,于代国,等,2006.阿尔奇参数实验影响因素分析[J].大庆石油地质与开发,25(2):39-41.

孙小平,石玉江,姜英昆,等,2000.复杂孔隙结构储层含气饱和度评价方法[J].天然气工业,20(3),41-44.

王培虎,郭海敏,周凤鸣,等,2006.MDT压力测试影响因素分析及应用[J].测井技术,30(6):561-565.

王勇,章成广,李进福,等,2006. 岩电参数影响因素研究[J]. 石油天然气学报,28(4):75-77.

肖立志,2007. 我国核磁共振测井应用中的若干重要问题[J]. 测井技术,31(5):401-407

张武,侯国伟,肖晓光,等,2019.西湖凹陷低渗储层成因及优质储层控制因素分析[J]. 中国海上油气,31(3):40-49.

张占松,张超谟,郭海敏,2011. 基于储层分类的低孔隙度低渗透率储层产能预测方法研究[J]. 测井技术,35(5):482-486.

中国石油勘探与生产分公司,2009. 低孔低渗油气藏测井评价技术及应用[M]. 北京:石油工业出版社.

中国石油勘探与生产分公司,2009. 低孔低渗油气藏测井评价技术及应用[M]. 北京:石油工业出版社.

周灿灿,石玉江,柴细元,等,2019. 低孔低渗储层测井评价技术[M]. 北京:石油工业出版社.

周荣安,1998.阿尔奇公式在碎屑岩储集层中的应用[J]. 石油勘探与开发,25(5):80-82.

LIU JIANXIN, ZHANG CONGHUI, PANG XISHUN, et al, 2006. The formation evaluation tool and its application in offshore China[J]. Applied Geophysics,3(1):62-67.